ロボット・メカトロニクス教科書

力学入門

An introduction to Dynamics

有本 卓・関本昌紘 共著

Ohmsha

本書を発行するにあたって，内容に誤りのないようできる限りの注意を払いましたが，本書の内容を適用した結果生じたこと，また，適用できなかった結果について，著者，出版社とも一切の責任を負いませんのでご了承ください．

本書は，「著作権法」によって，著作権等の権利が保護されている著作物です．本書の複製権・翻訳権・上映権・譲渡権・公衆送信権（送信可能化権を含む）は著作権者が保有しています．本書の全部または一部につき，無断で転載，複写複製，電子的装置への入力等をされると，著作権等の権利侵害となる場合があります．また，代行業者等の第三者によるスキャンやデジタル化は，たとえ個人や家庭内での利用であっても著作権法上認められておりませんので，ご注意ください．

本書の無断複写は，著作権法上の制限事項を除き，禁じられています．本書の複写複製を希望される場合は，そのつど事前に下記へ連絡して許諾を得てください．

(社)出版者著作権管理機構
(電話 03-3513-6969，FAX 03-3513-6979，e-mail : info@jcopy.or.jp)

JCOPY ＜(社)出版者著作権管理機構 委託出版物＞

まえがき

　本書は,「ロボット・メカトロニクス教科書」シリーズの基礎編の一つとして企画され,筆者ら二人で共同執筆したものである.

　近年,工学部や理工学部の再編に伴い,情報系学科群とメカトロニクス系学科群が電気系学科や機械系学科に伴設,あるいは新設されている.これら新しい学科群には相応の新しいカリキュラムがつくられ,講義されている.しかし,専門課程の基礎となるべき科目類の中で,特に専門科目と密接につながる初等力学については,その中味や基礎概念の展開のあり方について改変すべきかどうか,あまり議論されなかった.

　本書は,メカトロニクス系学科群の専門課程で講義した経験をもつ筆者達が,専門課程へのつながりに配慮を込めて,初等力学の展開に新たな工夫を試みたテキストブックである.

　執筆の動機には,ニュートンの運動の法則に基づく物体の運動の取扱いでは,"computational" な観点を加えることで,より理解が深まるはずだ,という確信があった.ニュートンの法則によって導き出された因果律を満たす運動方程式はコンピュータに取り込むことができ,現実に起り得る運動をコンピュータ上でシミュレートできるはずである.こうして,メカトロニクス系を代表する多関節剛体系(ロボット)の運動についてさえも,初等力学の中で体系だって展開できる,と確信していた.本来は初等力学に続くアドバンスドコースとして解析力学があり,仮想仕事の原理や変分原理は解析力学になってはじめて教授されていた.しかし,近年,「解析力学」が必須科目群から外される傾向にあり,また,剛体系の運動は,その取扱いの複雑さから初等力学では省かれつつあった.

　本書では,その流れを引き戻すべく,剛体系の運動も初等的,かつ計算論的に取り扱いできるよう章立てを工夫し,初等力学と解析力学の垣根を取り払い,メカトロニクス系の専門科目につながる「力学入門」を提案してみた.また,初等力学に関する部分も,大学受験時に培う物理公式の暗記とそれらを駆使した問題解答テクニックの習得から脱却し,運動と力の関係を示した運動方程式の本質に

まえがき

終始し，その恩恵が理解しやすいように洗練・配慮した．

　線形代数（ベクトルと行列）の基礎と微積分を習っている読者諸君には，本書は十分に読み通せるよう配慮したが，微小変位や変分の概念については，それでも理解しにくいことがあるかもしれない．これらの基礎概念を一度に理解できなくても，例題を一つずつ取り扱ううちに，運動方程式の導出に変分概念がいかに便利に働くかを見ていくうちに，いつか理解が深まってくるに違いない．一度に本書のすべてを理解しようとはせず，二度三度読み返すつもりで読み進めて欲しい．

　本書は，メカトロニクス系科学技術のエンジニアや研究者にも，初等力学の諸概念を体系立てて整理するためのテキスト，参考書としても使えるよう，配慮した．しかし，教科書としては新しい試みでもあるので，使いにくい点，あるいは議論の展開に無理な部分があるやもしれない．読者諸賢の御叱責と御批判をお願いしたい．

2011 年 10 月

著者　有本　　卓
　　　関本　昌紘

目　　次

1章　並進運動の力学

- 1.1　ロボットの位置・速度・加速度表現 …………………………………… 2
  - ［1］　空間におけるロボットの位置表現 ……………………………… 2
  - ［2］　変位，速度，加速度 ……………………………………………… 6
  - ［3］　微分積分と位置，速度，加速度の関係 ………………………… 8
- 1.2　ニュートンの運動の法則 ………………………………………………… 10
  - ［1］　力と運動の関係 …………………………………………………… 10
  - ［2］　物体に作用する力 ………………………………………………… 13
  - ［3］　慣性系 ……………………………………………………………… 14
- 1.3　質点の運動軌跡と運動方程式 …………………………………………… 16
  - ［1］　自由落下運動における運動方程式と運動軌跡の関係 ………… 16
  - ［2］　空気抵抗を考慮した自由落下運動 ……………………………… 17
  - ［3］　逐次的解法による運動の導出 …………………………………… 18
- 1.4　仕事とエネルギー ………………………………………………………… 21
  - ［1］　仕事と運動エネルギー …………………………………………… 21
  - ［2］　内　積 ……………………………………………………………… 23
  - ［3］　内積を用いた仕事と仕事率の定義 ……………………………… 24
  - ［4］　保存力 ……………………………………………………………… 26
  - ［5］　ポテンシャルエネルギー ………………………………………… 27
- 1.5　エネルギー保存の法則 …………………………………………………… 29
  - ［1］　重力下での質点の運動 …………………………………………… 29
  - ［2］　マス–ダンパ–バネ系（機械系）の運動 ………………………… 30
- 1.6　座標変換とエネルギー保存の法則 ……………………………………… 33
  - ［1］　座標変換 …………………………………………………………… 33
  - ［2］　変換された座標系におけるエネルギー保存の法則 …………… 34
- 理解度 Check ……………………………………………………………………… 36
- 演習問題 …………………………………………………………………………… 37

目　次

2章　回転運動の力学

- 2.1　角運動量 ……………………………………………………… 40
  - ［1］　角運動量とトルク ……………………………………… 40
  - ［2］　外　積 …………………………………………………… 42
  - ［3］　角運動量とトルクの外積表現 …………………………… 45
- 2.2　角運動量保存の法則と等速円運動 …………………………… 47
- 2.3　回転の運動方程式 ……………………………………………… 50
- 2.4　質点の回転エネルギー ………………………………………… 52
- 2.5　加速度座標系と見かけの力 …………………………………… 54
  - ［1］　並進加速度をもつ座標系 ………………………………… 54
  - ［2］　回転する座標系 …………………………………………… 57
- 2.6　角速度ベクトル ………………………………………………… 59
  - ［1］　角速度の表現方法 ………………………………………… 59
  - ［2］　相対的な角速度 …………………………………………… 61
- 理解度 Check ………………………………………………………… 64
- 演習問題 ……………………………………………………………… 65

3章　剛体運動の力学

- 3.1　剛体：距離が変わらない質点集合 …………………………… 68
  - ［1］　剛体とは …………………………………………………… 68
  - ［2］　剛体の運動量 ……………………………………………… 68
  - ［3］　剛体の角運動量 …………………………………………… 70
- 3.2　固定軸まわりの剛体の回転運動 ……………………………… 71
- 3.3　剛体の慣性モーメント ………………………………………… 74
  - ［1］　密度均一な剛体の慣性モーメントと全質量の関係 …… 74
  - ［2］　平行軸の定理 ……………………………………………… 75
  - ［3］　慣性テンソル ……………………………………………… 77
- 3.4　剛体の運動方程式 ……………………………………………… 80
  - ［1］　質量中心まわりの運動方程式 …………………………… 80
  - ［2］　連結した剛体の運動方程式 ……………………………… 82
- 3.5　剛体の仕事とエネルギー ……………………………………… 86

	理解度 Check	89
	演習問題	90

4章　仮想仕事とダランベールの原理

4.1	一般化座標と自由度	94
4.2	仮想仕事の原理	96
4.3	ダランベールの原理	100
4.4	一般化力とラグランジュ乗数	106
4.5	変分学の基礎とオイラーの方程式	112
	理解度 Check	118
	演習問題	119

5章　ラグランジュの運動方程式

5.1	ラグランジュの運動方程式	122
5.2	ハミルトンの原理	127
5.3	エネルギー保存の法則と最小作用の原理	131
5.4	最小作用の原理	135
5.5	変分原理	138
	理解度 Check	144
	演習問題	145

6章　ロボットの運動方程式

6.1	2自由度平面ロボットアームの運動方程式	148
6.2	エネルギー保存の法則と受動性	154
6.3	ラグランジュ安定とロボット姿勢制御	159
6.4	ロボットの運動方程式	163
	理解度 Check	167
	演習問題	168

演習問題の解答 … 172

目 次

関連図書 …………………………………………………………………… *181*

索　引 ……………………………………………………………………… *182*

1章 Dynamics of Translational Motion

並進運動の力学

学習のPoint

- ニュートンの運動の法則に従えば，あらゆる物の「運動」と「力」の関係が量的に解析できる．
- 微分・積分を用いることで，位置・速度・加速度などの時間的な繋がり，変位や仕事などの空間的な繋がりが表現できる．
- 微分・積分を用いれば，運動方程式と仕事・エネルギーの関係が導ける．
- これら力学の時間的・空間的な広がりを体感することを学習の目的とする．

1.1 ロボットの位置・速度・加速度表現

Position, Velocity, and Acceleration of a Robot

1 空間におけるロボットの位置表現

Position of a Robot in Space

「ロボット」といえば，多関節ロボットアーム，ヒューマノイドロボット，車輪走行ロボットなどの実在するものから，アニメーションのキャラクタやインターネット上で自動化されたタスクを実行するインターネットボット（ボット）のようなソフトウェアまで，その言葉の意味する範囲は広い．ここでは，アクチュエータ（駆動装置），センサ（検出装置），プロセッサ（演算処理装置）を備え，それらの統合によって動作する人工物に対象を絞り，「ロボットの力学」について考える．対象物を掴み，運搬し，操作し，特定の場所に置く．これらの一連のロボットの作業（運動）は，モータなどのアクチュエータの生み出す力により実現される．この力と運動の関係を扱うのが力学である．

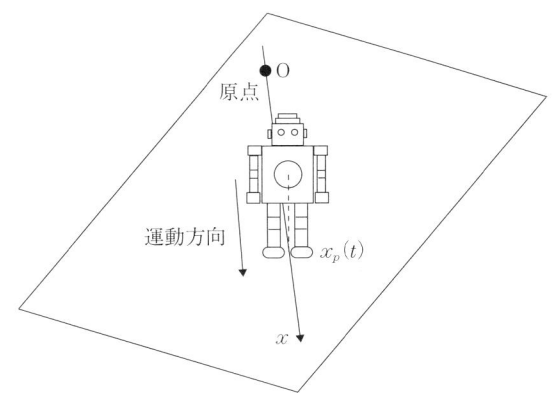

図 1・1　ロボットの運動と位置表現

図 1・1 に示すような空間の中でのロボットの移動を考えよう．空間の中での位置に興味があるとき，ロボットそのものの姿勢はどのようになっていようがあまり重要ではなく，ロボットを球もしくは点とみなしても差し支えない[†1]．そこで，

この空間において点で表現されたロボットの位置を時々刻々記録すれば，運動の完全な記録が得られる．このように，**運動**は「時間」と「空間の中での位置」との対応によって表現できる．たとえば，歩行のようにロボットが一直線上を運動する場合，この直線上に適当にとった点（**原点**）を基準にして，時刻 t に測った距離 $x_p(t)$ により運動が記述できる．このとき，空間の中でロボットの位置は一つの変数で指定できるため，1次元の運動と呼ばれる．ロボットが床面に接して自由に動ける場合，床面の適当な点を原点にとり，この点を通り床面上で互いに直交する二つの直線を考えれば，時刻 t でのロボットの位置は，二つの直線上につけた目盛り $(x_p(t), y_p(t))$ により記述できる．この場合は，二つの変数によって位置が指定できるため，2次元の運動となる．また，ロボットが自由に飛び回る場合には，床面での2直線に対する距離に加え，床からの高さを考えれば，三つの変数 $(x_p(t), y_p(t), z_p(t))$ により位置が指定できるため，3次元の運動となる．

我々が普段，知覚する空間は3次元である．したがって，三つの変数によりこの空間の中の位置は指定できる．しかし，基準となる三つの直線は任意に選んで良い訳ではない．たとえば，一つの平面内に三つの直線が含まれるように直線を選んだ場合，その平面に垂直な距離を測ることができず，空間の中の任意の位置を指定することはできない．それゆえ，空間において任意の位置を指定可能にするには，適当な1点を原点に選び，原点を通って互いに直交するように3直線を選ぶ必要がある．また，このようにして選ばれた直線を**座標軸**という．図**1·2**に示すように，空間における点Pの位置は，点Pと原点Oを結ぶ線分を対角線にもつ直方体の3辺の長さ (x_p, y_p, z_p) によって指定される．このような三つの変数の組 (x_p, y_p, z_p) を点Pの**座標**という．逆に，三つの座標軸に対してそれぞれに値 (x_p, y_p, z_p) を与えると，これらを座標とする1点（点P）が定まる．また，座標軸 x, y, z の組を**座標系**といい，Σ_O，$O-xyz$，(x, y, z) のように記す．座標軸の取り方には，原点を回転の中心として x 軸の正方向から y 軸の正方向へ回転させた際に右ネジが進む方向を z 軸の正方向にとる右手座標系と，右ネジの進む方向と逆向きに z 軸の正方向をとる左手座標系があるが，本書では右手系のみを

Note

†1 ロボット自身の状態に関する力学は2章以降で論じる．

使うこととする．座標と座標系を区別するために，座標を表す際には添字 p を用いた．しかし，空間における任意の点を表す際には，習慣的に，その点の座標を (x, y, z) のように座標軸と同じ記号で表すことも多い．本書でも，誤解を招きやすい場合を除いて，座標軸記号を座標表記に用いる．

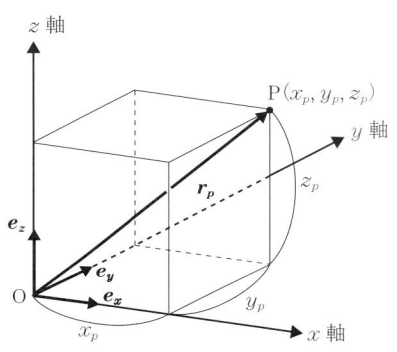

図 1・2　直交座標系における位置

空間の中の点 P の位置は，原点 O から点 P へ引いた矢印によっても表せる．この「向き」と「大きさ」の二つの情報を含んだ矢印を**ベクトル**，特に，原点 O から点 P（任意の点）へ引いた矢印を点 P の**位置ベクトル**という．点 P の位置ベクトルは $\bm{r}_p$, $\vec{r}_p$, $\overrightarrow{\mathrm{OP}}$ のように表される．この位置ベクトルは，座標系 $\mathrm{O}-xyz$ で測った際には

$$\bm{r}_p = \begin{pmatrix} x_p \\ y_p \\ z_p \end{pmatrix} \tag{1・1}$$

と書き表され，x_p, y_p, z_p は位置ベクトル $\bm{r}_p$ の**成分**と呼ばれる．位置ベクトル $\bm{r}_p$ はその成分を横に書き並べて

$$\bm{r}_p = (x_p, y_p, z_p) \tag{1・2}$$

と表すこともできるが，混乱を避けるため，定義は一度決めたら一貫して用いるべ

きである．式(1・1)の表し方のほうが計算の際に便利なことが多いため，特に断らない限り，本書ではベクトルといえば式(1・1)の縦ベクトルにより定義する．しかし，紙面の節約のために縦ベクトルを横に表記したいときも多々ある．その際は

$$\bm{r}_p = (x_p, y_p, z_p)^\top \tag{1・3}$$

のように転置記号 $\top$ を用いれば式(1・1)の右辺と等価表現が可能で，本書でもこの記法を多用する．さらに，x 軸，y 軸，z 軸に沿った単位長さのベクトルをそれぞれ

$$\bm{e}_x = \begin{pmatrix} 1 \\ 0 \\ 0 \end{pmatrix}, \quad \bm{e}_y = \begin{pmatrix} 0 \\ 1 \\ 0 \end{pmatrix}, \quad \bm{e}_z = \begin{pmatrix} 0 \\ 0 \\ 1 \end{pmatrix} \tag{1・4}$$

と定義すれば，位置ベクトル $\bm{r}_p$ は，

$$\bm{r}_p = x_p \bm{e}_x + y_p \bm{e}_y + z_p \bm{e}_z \tag{1・5}$$

と表せる．単位ベクトル $\bm{e}_x$, $\bm{e}_y$, $\bm{e}_z$ は座標系の**基本ベクトル**とよばれ，互いに直交し，直交基底をつくる．

点 P の位置ベクトルの大きさ（長さ）は，絶対値を用いて $|\bm{r}_p|$，または単に r_p で表される．これは図 1・1 において矢印の長さで表され，幾何学的に考えれば原点 O から点 P までの距離，すなわち，直方体の対角線になる．そのため，点 P の位置ベクトルの大きさは，ピタゴラスの定理から求まり

$$|\bm{r}_p| = r_p = \sqrt{x_p{}^2 + y_p{}^2 + z_p{}^2} = \sqrt{\bm{r}_p{}^\top \bm{r}_p} \tag{1・6}$$

と書ける．最後の等式が成り立つことは，式(1・5)を代入すればすぐにわかる．ベクトルとは異なり「大きさはもつが向きには関係しない量」，すなわち，r_p のような量を**スカラー**という．時間や長さ，質量，エネルギーなどもスカラーである．

Note

2 変位,速度,加速度

Displacement, Velocity, and Acceleration

ロボットの運動が1次元で表されるとき,ロボットの位置は,図1·1のように運動方向を座標軸としてその軸上で適当に原点をおいた座標系 $O-x$ により表せる.そして,時間 t とともに変化する位置を時間関数 $x(t)$ として表せば,その運動は $x=x(t)$ と記述できる.時刻が t から $t+\Delta t$ に変わる間に,位置が x から $x+\Delta x$ へと移ったとすると,この間の移動量を**変位**といい

$$x(t+\Delta t) - x(t) = (x+\Delta x) - x = \Delta x \tag{1·7}$$

で表される.したがって,この間の**平均の速度**は

$$\bar{v} = \frac{\Delta x}{\Delta t} \tag{1·8}$$

となる.これは,図 **1·3** の位置の時間応答を示したグラフにおいて,2 点を結ぶ直線の傾きとして表せる.ここで,Δt を限りなく小さくしていくと,やがて 2 点を結ぶ直線の傾きは曲線 $x=x(t)$ の時刻 t での接線と等しくなる.このときの速度を時刻 t における**瞬間速度**もしくは単に**速度**といい,数学的には

$$v(t) = \lim_{\Delta t \to 0} \frac{\Delta x}{\Delta t} = \frac{\mathrm{d}x}{\mathrm{d}t} = \dot{x}(t) \tag{1·9}$$

と表現される.$\mathrm{d}x/\mathrm{d}t$ を x の t に関する導関数,あるいは t について微分したもの,より簡単に「微分」という.一般に,関数 $f(x)$ の x に関する導関数は $f'(x)$ と表されるが,特に時間 t に関する導関数は $\dot{x}$ とドットで表すことが多い.

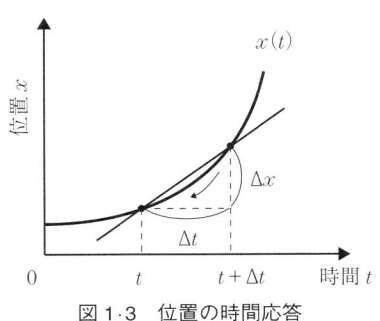

図1·3 位置の時間応答

1.1 ロボットの位置・速度・加速度表現

　図1·3において，時刻 t の速度はその時刻での $x = x(t)$ の接線における単位時間あたりの変化量で表せる（図1·4）．そこで，各時刻で変化量を求め，それをグラフに貼り合わせていくと，速度の時間応答が得られる．図1·4の速度の時間応答において先ほどと同様の手順を踏めば，時刻 t における**瞬間加速度**，あるいは**加速度**

$$a(t) = \lim_{\Delta t \to 0} \frac{\Delta v}{\Delta t} = \frac{dv}{dt} = \dot{v}(t) \tag{1·10}$$

が定義できる．

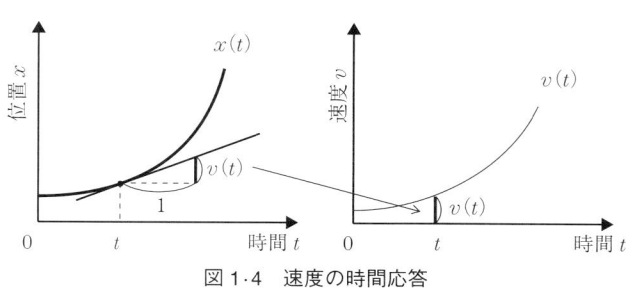

図1·4　速度の時間応答

　3次元運動の変位，速度，加速度も，上述と同様の方法により定義できる．ロボットの位置が座標系 $\mathrm{O}-xyz$ により表され，時刻 t から $t+\Delta t$ の間に，座標 $\mathrm{P}(x,y,z)$ から $\mathrm{Q}(x+\Delta x, y+\Delta y, z+\Delta z)$ へ移ったとする．位置ベクトルを $\boldsymbol{r} = (x,y,z)^\top$ と表せば，このときの変位は

$$\begin{pmatrix} x+\Delta x \\ y+\Delta y \\ z+\Delta z \end{pmatrix} - \begin{pmatrix} x \\ y \\ z \end{pmatrix} = \begin{pmatrix} \Delta x \\ \Delta y \\ \Delta z \end{pmatrix} = \Delta \boldsymbol{r} \tag{1·11}$$

となり，$\Delta \boldsymbol{r}$ を P から Q への**変位ベクトル**という．また，時刻 t における**速度**は

> **Note**

1章　並進運動の力学

$$v(t) = \lim_{\Delta t \to 0} \frac{\Delta r}{\Delta t} = \frac{\mathrm{d}r}{\mathrm{d}t} \tag{1·12}$$

で定義され，$v(t)$ は**速度ベクトル**と呼ばれる．ここで，$v(t)$ はベクトル Δr をスカラー Δt で割ったものであるので，$v(t)$ の向きは Δr の向きと等しい．また，ベクトル $v(t)$ の成分を見ると

$$v(t) = \begin{pmatrix} \dfrac{\mathrm{d}x}{\mathrm{d}t} \\ \dfrac{\mathrm{d}y}{\mathrm{d}t} \\ \dfrac{\mathrm{d}z}{\mathrm{d}t} \end{pmatrix} = \begin{pmatrix} v_x(t) \\ v_y(t) \\ v_z(t) \end{pmatrix} \tag{1·13}$$

となっており，各成分は座標系 $\mathrm{O}-xyz$ の各軸に対応している．したがって，速度ベクトル $v(t)$ は，式(1·4)の単位ベクトルを用いて

$$v(t) = v_x e_x + v_y e_y + v_z e_z \tag{1·14}$$

とも表せる．速度ベクトルの大きさは，式(1·6)と同様に

$$|v(t)| = v = \sqrt{v_x^2 + v_y^2 + v_z^2} = \sqrt{v(t)^\top v(t)} \tag{1·15}$$

で与えられ，これを**速さ**という．3次元運動の加速度も，1次元運動の自然な拡張として，以下のように定義できる．

$$a(t) = \lim_{\Delta t \to 0} \frac{\Delta v}{\Delta t} = \frac{\mathrm{d}v}{\mathrm{d}t} \tag{1·16}$$

3　微分積分と位置，速度，加速度の関係
Relationship of Differential and Integral Actions to Position, Velocity, and Acceleration

位置 $r(t)$ を時間で微分したものは速度 $v(t)$ となる．ここでは逆に，速度が時間関数 $v(t)$ として与えられるとき，位置 $r(t)$ は速度の時間積分で表せることを示す．

速度の時間応答が図 **1·5** で与えられ，時刻 t_0 から t までの間に Δr だけ変位したとする．このとき，時刻 t' では，式(1·12)の定義から

$$\mathrm{d}r = v(t')\mathrm{d}t' \tag{1·17}$$

が成り立つ．ここで，$\boldsymbol{v}(t')$ は時刻 t' での単位時間あたりの変位量を意味しているので，式(1·17)は「速度 $\boldsymbol{v}(t')$ で時間 $\mathrm{d}t'$ だけ移動した際の変位量が $\mathrm{d}\boldsymbol{r}$ である」とも解釈できる．

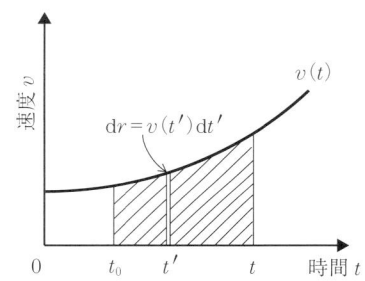

図 1·5　速度グラフの面積で表される変位

各時刻において式(1·17)は成り立つので，時刻 t_0 から t までの変位 $\Delta\boldsymbol{r}$ は，図 1·5 において，$\boldsymbol{v}(t')\mathrm{d}t'$ の短冊を足し合わせたもの，すなわち，その区間の面積として表せる．これを

$$\Delta\boldsymbol{r} = \int_{t_0}^{t} \boldsymbol{v}(t')\mathrm{d}t' \tag{1·18}$$

と書き，$\boldsymbol{v}(t)$ の t に関する積分という．すると，$\Delta\boldsymbol{r} = \boldsymbol{r}(t) - \boldsymbol{r}(t_0)$ の関係から，時刻 t での位置は

$$\boldsymbol{r}(t) = \boldsymbol{r}(t_0) + \int_{t_0}^{t} \boldsymbol{v}(t')\mathrm{d}t' \tag{1·19}$$

と求まる．同様の関係が，速度と加速度の間にも成り立つ．

式(1·19)は速度の積分として位置が表せることを示している．また，式(1·19)を時間 t で微分してみると速度の式(1·12)となる．このように，運動における位置，速度，加速度の関係は微分と積分により表せる．図 **1·6** にその関係を示す．

Note

また，加速度は

$$a(t) = \frac{\mathrm{d}v(t)}{\mathrm{d}t} = \frac{\mathrm{d}}{\mathrm{d}t}\left(\frac{\mathrm{d}r(t)}{\mathrm{d}t}\right) = \frac{\mathrm{d}^2 r(t)}{\mathrm{d}t^2} \tag{1・20}$$

のように，位置の時間微分を 2 回おこなうこと（2 階微分）で表せる．

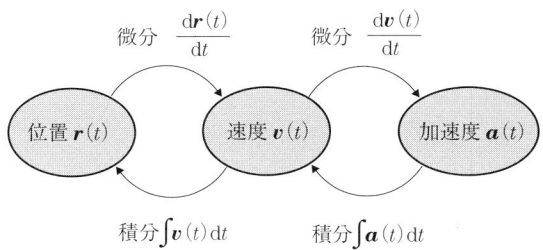

図 1・6　位置，速度，加速度の微分と積分の関係

1.2　ニュートンの運動の法則

Newton's Laws of Motion

1　力と運動の関係

Action Force and Motion

　ゲームセンターやボウリング場に行くと「エアーホッケー」という，マレットという器具を使ってプラスチックの円盤を打ち合うゲーム機がある．プレイ中，盤上から吹き出す空気の力で円盤は僅かに浮き，軽く打つだけで真っ直ぐに進み続ける．しかし，ゲームが終了し，盤上から空気が出なくなると，円盤を打ってもすぐに止まってしまう．プレイ中は円盤に作用する摩擦が小さいので円盤はなかなか止まらないのに対して，ゲーム終了後には摩擦が大きくなるために円盤はすぐに止まってしまう．また，プレイ中に円盤がコート側面に当たれば，その運動は変化する．このように，物体に力が作用しなければ運動のようすは変わらず，運動の変化があった際には物体には何らかの力が作用している．ニュートン[†2] は，物体の運動と力の作用に関する基本性質を以下のようにまとめている．

1.2 ニュートンの運動の法則

┌ ニュートンの運動の法則（Newton's laws of motion）────
　第 1 法則（慣性の法則）：物体は力の作用を受けない限り，静止の状態，あるいは一直線上の等速運動を続ける．
　第 2 法則（運動の法則）：運動量の変化はその物体にはたらく力に比例し，その力の向きに生じる．
　第 3 法則（作用・反作用の法則）：物体が他物体に力を及ぼすときは，他物体は必ず物体に対し，大きさが同じで逆向きの力を及ぼす．

第 1 法則は，物体が運動状態をそのまま維持し続けようとする性質を示しており，この性質は**慣性**と呼ばれる．また，第 1 法則によれば，第 1 法則を満足する座標系が選ばれれば，これに対する物体の運動の変化は外力によって及ぼされることになる．いま，運動を表す量として，運動量 $\boldsymbol{p}$ を物体の質量 m と速度 $\boldsymbol{v}$ の積

$$\boldsymbol{p} = m\boldsymbol{v} \tag{1.21}$$

により定義する．第 2 法則によれば，運動量の時間変化はその物体にはたらく力に比例するので，質量 m が時間変化に対して不変であることを用いれば

$$m\frac{d\boldsymbol{v}}{dt} = \boldsymbol{F} \tag{1.22}$$

が成り立つ．さらに，式 (1.12) の位置と速度の関係から，

$$m\frac{d^2\boldsymbol{r}}{dt^2} = \boldsymbol{F} \tag{1.23}$$

となり，式 (1.22) あるいは式 (1.23) を**運動方程式**という．第 2 法則によれば，式 (1.23) の運動方程式は，単に質量と加速度をかけたものが力と等しいという等価関係を表しているのではなく，「物体に加速度が生じているならば，それは外力 $\boldsymbol{F}$ による」あるいは「外力 $\boldsymbol{F}$ が作用していれば，物体には外力に応じた加速度が生じる」といった因果関係（原因と結果）を表している．

第 3 法則の直感的な理解のためには，図 **1・7** に示すように壁に力を加える場合

Note
†2　アイザック・ニュートン（Sir Isaac Newton），1643–1727．

● 1章 並進運動の力学

を考えるとよい．人が壁に力を加えると，壁から反力が返ってくる．人が壁に加える力を $\boldsymbol{F}_{12}$，壁が人に加える力を $\boldsymbol{F}_{21}$ とすれば，$\boldsymbol{F}_{12}$ は作用力，$\boldsymbol{F}_{21}$ は反作用力となり

$$\boldsymbol{F}_{12} = -\boldsymbol{F}_{21} \tag{1.24}$$

となる．もし作用・反作用がなかったら，人は壁の存在を知覚できず，つまり，双方で力を伝達し合うことはできない．

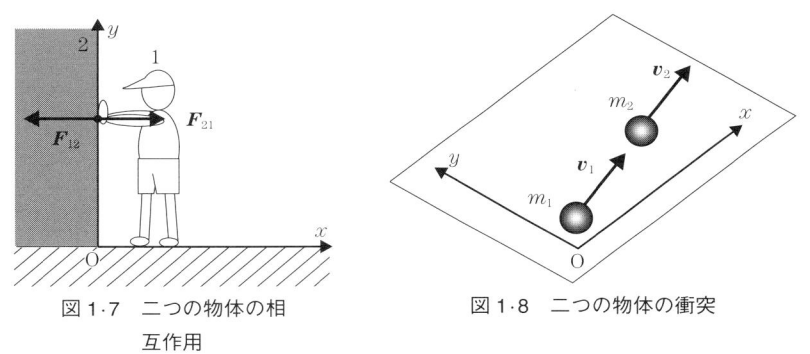

図 1·7　二つの物体の相互作用

図 1·8　二つの物体の衝突

また，第3法則理解の別の例として，図 1·8 に示す二つの物体が衝突する場合を考える．この運動において，ほかから何の力も受けなければ，二つの物体の運動量の和は変わらない．これは第1法則，第2法則の示すところである．二つの物体の質量を m_1, m_2，衝突前の速度を $\boldsymbol{v}_{1a}$, $\boldsymbol{v}_{2a}$，衝突後の速度を $\boldsymbol{v}_{1b}$, $\boldsymbol{v}_{2b}$ とすると

$$m_1 \boldsymbol{v}_{1a} + m_2 \boldsymbol{v}_{2a} = m_1 \boldsymbol{v}_{1b} + m_2 \boldsymbol{v}_{2b} = \text{const} \quad (一定) \tag{1.25}$$

となる．これを**運動量保存の法則**という．これより，時刻 t における運動量は $m_1 \boldsymbol{v}_1 + m_2 \boldsymbol{v}_2 = \text{const}$ であるので，この両辺を t で微分すると

$$m_1 \frac{d\boldsymbol{v}_1}{dt} + m_2 \frac{d\boldsymbol{v}_2}{dt} = \boldsymbol{0} \tag{1.26}$$

となる．また，衝突の瞬間では，物体1は物体2から力 $\boldsymbol{F}_{21}$，物体2は物体1から力 $\boldsymbol{F}_{12}$ を受けるので

$$m_1 \frac{d\boldsymbol{v}_1}{dt} = \boldsymbol{F}_{21}, \qquad m_2 \frac{d\boldsymbol{v}_2}{dt} = \boldsymbol{F}_{12} \qquad (1 \cdot 27)$$

となる．式(1·26)と式(1·27)の関係から，式(1·24)を得る．

2 物体に作用する力
Force Acting on an Object

運動方程式を導く際には，式(1·23)の右辺で表される物体に作用する外力を，すべて書き出す必要がある．重力下で粗い床面上に置かれた質量 m の物体を力 F_0 で引張る図 1·9 の場合について，物体の運動方程式を導こう．

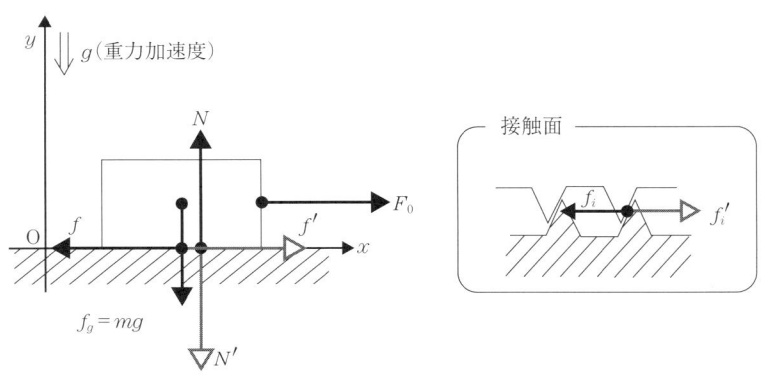

図 1·9　物体引張り時の力

まず，力をすべて表す．物体は力 F_0 で引っ張られているので，物体の表面を作用点として力 F_0 が示せる．また，床と物体の接触面を拡大して見ると双方は凸凹形状をしており，力 F_0 の作用により，物体は床面に力 f_i' を及ぼす．すると，作用・反作用の関係から物体は床面から摩擦力 f_i を受ける．これは接触面上のあ

●1章　並進運動の力学

らゆる箇所で起こっていて，その総和を $f = \sum_i f_i$，$f' = \sum_i f'_i$ とする．さらに，物体には重力加速度 g の重力が作用しており，物体は $f_g = mg$ を受ける．この力により，物体は床面を力 N' で押し，作用・反作用の関係から，物体は床面から抗力 N を受ける．図中，黒塗り矢印は物体が受ける力，白塗り矢印は物体が外に及ぼす力である．物体の運動方程式を立てる際は，物体に作用する力，すなわち，物体が受ける力だけを考える．**物体の運動方程式では，物体が外に及ぼす力を含めてはいけない．**

以上を踏まえ，座標系 $O - xy$ の各軸について，物体の運動方程式を立てると

$$\begin{cases} m\dfrac{\mathrm{d}^2 x}{\mathrm{d}t^2} = F_0 - f \\ m\dfrac{\mathrm{d}^2 y}{\mathrm{d}t^2} = N - f_g \end{cases} \tag{1・28}$$

となる．ベクトル表記で，$\bm{r} = (x,y)^\top$, $\bm{F}_0 = (F_0, 0)^\top$, $\bm{f} = (f, 0)^\top$, $\bm{N} = (0, N)^\top$, $\bm{f}_g = (0, f_g)^\top$ とすれば，式(1・28)は以下のように書ける．

$$m\frac{\mathrm{d}^2 \bm{r}}{\mathrm{d}t^2} = \bm{F}_0 + \bm{N} - \bm{f} - \bm{f}_g \tag{1・29}$$

3　慣性系
Inertial System

ニュートンの運動の法則が成り立つ座標系を**慣性系**あるいは**慣性座標系**という．第1法則によると，慣性系の選択は，静止した座標系のほかに，等速運動した座標系でもよい．静止した座標系と等速運動した座標系が同様に扱われることに，少し違和感を感じるかもしれない．

そこで，図 **1・10** に示すように，慣性系 $O - xyz$ と，この座標系に対して一定の速度 $\bm{v}_0$ で動いている座標系 $O' - x'y'z'$ を考える．それぞれの座標系での位置ベクトルを $\bm{r} = (x, y, z)^\top$, $\bm{r}' = (x', y', z')^\top$ とし，時刻 $t = 0$ において二つの座標系が一致しているとすれば，座標系 $O' - x'y'z'$ 上の点の位置は，座標系 $O - xyz$ によって

$$\bm{r} = \bm{v}_0 t + \bm{r}' \tag{1・30}$$

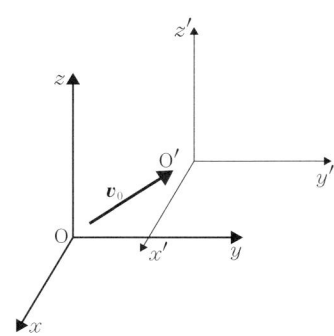

図 1·10　等速運動する座標系

と表せる．この関係について，時間 t で微分を取れば

$$\frac{\mathrm{d}\boldsymbol{r}}{\mathrm{d}t} = \boldsymbol{v}_0 + \frac{\mathrm{d}\boldsymbol{r}'}{\mathrm{d}t} \tag{1·31}$$

さらに微分すれば

$$\frac{\mathrm{d}^2\boldsymbol{r}}{\mathrm{d}t^2} = \frac{\mathrm{d}^2\boldsymbol{r}'}{\mathrm{d}t^2} \tag{1·32}$$

を得る．この関係を，式(1·23)，式(1·26)，式(1·27)に代入すれば，座標系 $\mathrm{O}' - x'y'z'$ におけるこれらの式が成り立ち，第2法則，第3法則が成り立っていることがわかる．それゆえ，等速運動をしている座標系 $\mathrm{O}' - x'y'z'$ もニュートンの運動の法則を満たしており，慣性系となる．一方で，慣性系に対して等速運動とならない，すなわち，加速度をもつ座標系は，ニュートンの運動の法則を満たさず，**非慣性系**と呼ばれる．非慣性系であっても「見かけの力」を考慮すれば運動方程式は成り立つが，詳細は 2.5 節で論じる．

1.3 質点の運動軌跡と運動方程式

Motion Trajectory of a Particle and Equations of Motion

1 自由落下運動における運動方程式と運動軌跡の関係
Motion Trajectory and Equations of Motion in Free-fall Motion

前節では，ニュートンの運動の法則に従うことで式 (1·23) の運動方程式を得た．では，運動方程式を立てるとどんな良いことがあるのだろうか？　その答えは，運動方程式を積分してみるとよくわかる．

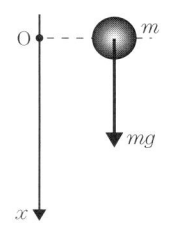

図 1·11　落体の運動

図 1·11 に示すボールの自由落下運動を例に運動方程式の利点を考えよう．運動は鉛直方向の 1 次元で行われるものとし，鉛直下向きを座標軸の正方向にとる．この運動ではボールの中心位置の動きに関心があり，大きさは重要でない．そのため，物体の大きさを考えず「質量のみをもつ点」として扱うと便利である．このような点を**質点**という．時刻 $t = 0$ において，$x = 0$ から質量 m のボールをそっと離す（速度 $v(0) = 0$）．このとき，ボールは重力 $f_g = mg$ により，鉛直下向きに力を受ける．ここに，g は重力加速度定数である．その他の外力はボールに作用していない．それゆえ，ボールの運動方程式は

$$m\frac{\mathrm{d}^2 x}{\mathrm{d}t^2} = f_g \tag{1·33}$$

となる．$f_g = mg$ を代入すれば

$$\frac{\mathrm{d}^2 x}{\mathrm{d}t^2} = g \tag{1·34}$$

となり，これは外力（重力）により生じるボールの加速度を表している．そこで，$d^2x/dt^2 = dv/dt$ を用い，式(1.34)の両辺を 0 から t まで時間積分すると

$$\int_0^t \frac{dv}{dt'}\, dt' = \int_0^t g\, dt' \tag{1.35}$$

となるので，これを解くと

$$\left[v(t')\right]_0^t = \left[gt'\right]_0^t \tag{1.36}$$

を得る．初速度は $v(0)=0$ であることを適用すれば，時刻 t における物体の速度は以下のように求まる．

$$v(t) = gt \tag{1.37}$$

さらに，$v(t)=dx/dt$ を用い，式(1.37)の両辺を 0 から t まで時間積分すれば

$$\left[x(t')\right]_0^t = \left[\frac{1}{2}gt'^2\right]_0^t \tag{1.38}$$

となるので，初期位置が $x(0)=0$ であることを用いれば，時刻 t における物体の位置は以下のように求まる．

$$x(t) = \frac{1}{2}gt^2 \tag{1.39}$$

こうして，式(1.33)の運動方程式を積分することによって，時刻 t におけるボールの加速度，速度，位置を得た．すなわち，対象とする物体の運動方程式が立てられれば，その運動の軌跡は運動方程式から得られる．これが運動方程式を導く理由といえる．

2 空気抵抗を考慮した自由落下運動
Free-fall Motion with Air Resistance

ガリレイ[†3] が「落体の法則」を見出すまでは，重い物体は軽い物体よりも速く落下すると考えられていた．我々の日常においても，そのような状況にしばしば

Note

†3 ガリレオ・ガリレイ（Galileo Galilei），1564-1642．

● 1章 並進運動の力学

出くわす．では，図 1·11 に示したボールの材質を粘土とし，質量の同じ二つのボールをくっつけて一つのボールにした際のボールの運動について考えてみよう．ボールの運動方程式は，質量が 2 倍になるので

$$2m\frac{\mathrm{d}^2 x}{\mathrm{d}t^2} = f_g' \tag{1·40}$$

となる．しかし，ボールにかかる重力も $f_g' = 2mg$ と f_g の 2 倍となり，これを式 (1·40) に代入すれば，式 (1·34) を得る．つまり，質量 $2m$ のボールの加速度は g となり，質量 m のボールの運動と等しくなる．これは**落体の法則**と呼ばれる．

「落体の法則」は理論的に正しいものの，我々の直感から少し異なり，違和感を感じるかもしれない．それは，上述の話では**物体の大きさ**と**物体に作用する空気抵抗**を考慮していないからである．そこで，空気抵抗を考慮した場合の運動を考えてみよう．**空気抵抗**は，物体の速度 v に比例し，物体の速度と逆方向にはたらく力 $-cv$（c は正の定数）として表される．空気抵抗を考慮した図 1·11 のボールの運動方程式は

$$m\frac{\mathrm{d}v}{\mathrm{d}t} = mg - cv \tag{1·41}$$

となる．これより，物体の加速度は $g - (cv/m)$ となる．同様にすれば，質量 $2m$ のボールの加速度も $g - (cv/2m)$ と求まる．これより，空気抵抗が同じならば質量の小さい方が加速度は小さくなる．また，表面積の大きい物体では空気抵抗の係数 c が高くなるため，空気抵抗が大きいと加速度は小さくなる．空気抵抗があるときの落体の運動では，時間が十分に経つと重力と抵抗力が釣り合い，加速度がゼロとなる．このときの速度は $v(\infty) = mg/c$ となり，終速度とよばれる．もし雨粒が空気抵抗無しに上空 1000 m から落下してきたとしたら，地上での速度は $v = 140$ m/s（500 km/h）にも達する．しかし実際には，直径 1.0 mm 程度の小さな雨粒であれば，その落下速度は $v = 4.0$ m/s（14 km/h）である．雨の日にも外出ができるのは，空気抵抗のおかげといえる．

3 逐次的解法による運動の導出
Sequential Solution of Equations of Motion

ロボットの制御では，ロボットを目標の位置へ移動させるタスクが多々ある．

1.3 質点の運動軌跡と運動方程式

ロボットを一つの質量 m の物体（質点）として考えれば，外力を適切に加えることでその位置を操作できる．その代表的な方法に **PD 制御**がある．ここで，P は Propotional（比例）の略，D は Derivative（微分）の略である．PD 制御では

$$F(t) = -k_d v(t) - k_p(x(t) - x_d) \tag{1・42}$$

のような時々刻々の状態（位置と速度）に応じて物体に加える力（制御入力）を変える．ここで，k_d と k_p はそれぞれ微分ゲイン，比例ゲインと呼ばれ，適当な正の値で与える．また，目標位置 x_d は適当な定数で与える．重力のない 1 次元の質点運動において，質点の運動方程式は

$$m\frac{\mathrm{d}^2 x}{\mathrm{d}t^2} = F(t) \tag{1・43}$$

となる．しかし，このときの運動の軌跡は，式(1・39)のように容易には得られない．このような場合でも，時刻 $t=0$ での位置 $x(0)=x_0$ と速度 $v(0)=v_0$ が与えられれば，逐次的に運動の軌跡 $x=x(t)$ を得ることができる．この条件の下，$t=0$ での速度と加速度を考えると

$$\begin{cases} \dfrac{\mathrm{d}x}{\mathrm{d}t} = v(0) \\ \dfrac{\mathrm{d}v}{\mathrm{d}t} = \dfrac{F(0)}{m} \end{cases} \tag{1・44}$$

となり，これらの右辺は初期の位置 $x(0)$ と速度 $v(0)$ で表せる[†4]．式(1・44)の右辺を定数とみなして積分すれば，微小時間 Δt 後の質点の位置と速度は

$$\begin{cases} x(\Delta t) = x(0) + v(0)\Delta t \\ v(\Delta t) = v(0) + \dfrac{F(0)}{m}\Delta t \end{cases} \tag{1・45}$$

と近似的に得られる[†5]．$t = \Delta t$ での速度と加速度を先ほどと同様に示せば

Note

[†4] 制御入力も位置と速度から構成される．
[†5] 微小時間 Δt を十分小さくとればこれらの式は厳密に等しい．

$$\begin{cases} \dfrac{\mathrm{d}x}{\mathrm{d}t} = v(\Delta t) \\ \dfrac{\mathrm{d}v}{\mathrm{d}t} = \dfrac{F(\Delta t)}{m} \end{cases} \tag{1.46}$$

となり，これらの右辺は $x(\Delta t)$ と $v(\Delta t)$ で表せる．先ほどと同様にして，式(1・46)を積分すれば

$$\begin{cases} x(2\Delta t) = x(\Delta t) + v(\Delta t)\Delta t \\ v(2\Delta t) = v(\Delta t) + \dfrac{F(\Delta t)}{m}\Delta t \end{cases} \tag{1.47}$$

を得る．この手順を逐次的に行っていけば，図 **1・12** のように運動の軌跡 $x = x(t)$ が得られる．また，こうして得られた $x = x(t)$ を観察すると，質点の位置は $x = x_d$ に近づくように動き，やがて目標値 x_d に収束することが確認できる．

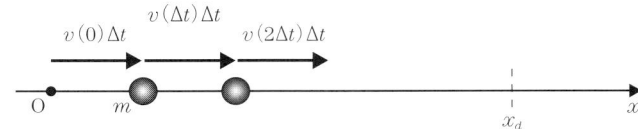

図 1・12　逐次計算による運動軌道の導出

複数の関節から構成されるロボットの運動方程式は，質点の場合からはるかに複雑となり，一般に，その解 $x = x(t)$ を式(1・39)のように解析的に解くことはできない．そのような場合でも，上述の逐次的な方法によれば，その解を近似的に求められる．実際の計算にはコンピュータを用いるのが便利で，上記のアルゴリズムを実装したものを動力学（数値）シミュレータと呼ぶ．現在では，精度の良い数値積分を実現するルンゲ・クッタ法を始め，コンピュータでの計算に適した数値解析法が種々開発されている．現在，動力学はゴルフのテレビゲームなどにも用いられ，現実感を引き出すツールとして広い分野で使用されている．

1.4 仕事とエネルギー

Work and Energy

1 仕事と運動エネルギー

Work and Kinetic Energy

図 1·13 のように，質量 m の質点が外力 F のもとで 1 次元運動している．外力 F は運動方向に沿って常に作用し，質点は位置 x_1 から x_2 まで動かされる．運動方向に沿った外力 F を x_1 から x_2 まで x で積分した量

$$\Delta W = \int_{x_1}^{x_2} F \, dx \tag{1·48}$$

を F のした**仕事**という．このときの質点の運動方程式は

$$m\frac{dv}{dt} = F \tag{1·49}$$

である．そこで，この式の両辺を x_1 から x_2 まで x で積分してみると

$$\int_{x_1}^{x_2} m\frac{dv}{dt} dx = \int_{x_1}^{x_2} F \, dx \tag{1·50}$$

を得る．左辺に関して，$dx = (dx/dt)dt = v dt$ の置換積分により，積分変数を x から t に変換すれば

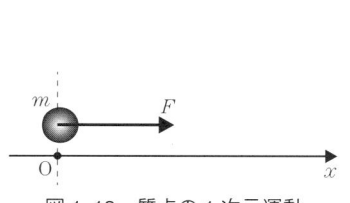

図 1·13　質点の 1 次元運動

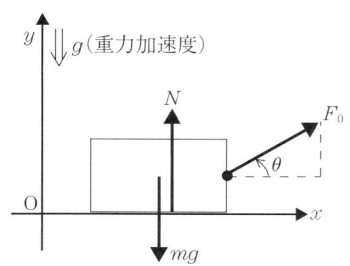

図 1·14　重力下・滑らかな床面上での物体の運動（運動は x 軸方向）

Note

$$\int_{x_1}^{x_2} m\frac{\mathrm{d}v}{\mathrm{d}t}\mathrm{d}x = \int_{t_1}^{t_2} m\frac{\mathrm{d}v}{\mathrm{d}t}v\mathrm{d}t = \left[\frac{1}{2}mv^2\right]_{t_1}^{t_2} \tag{1・51}$$

と変形できる．式(1・51)を式(1・50)の左辺に代入すれば

$$\frac{1}{2}mv_2{}^2 - \frac{1}{2}mv_1{}^2 = \int_{x_1}^{x_2} F\,\mathrm{d}x \tag{1・52}$$

を得る．ここで，$v(t_1) = v_1$，$v(t_2) = v_2$ と置いた．左辺の両項は各時刻の速度 $v(t)$ により値が決まり，この量 $(1/2)mv^2$ は運動の度合いを表していることから，**運動エネルギー**と呼ばれる．式(1・52)は運動エネルギーの変化が外力 F のした仕事と等しい訳であるが，「質点が仕事をしたため，質点の運動エネルギーに変化が生じた」と因果関係により解釈する方が解りやすい．

次に，**図 1・14** に示すように，質量 m の質点が重力下で滑らかな（摩擦のない）床面上を，一定の力 F_0 により引っ張られることで x 軸正方向に運動している場合を考えよう．力 F_0 の向きは，運動中，常に x 軸に対して θ だけ傾いているとする．このとき，物体は重力 mg，床面からの垂直抗力 N，力 F_0 を受ける．外力 F_0 を x 軸，y 軸方向に分けると，それぞれ $F_0 \cos\theta$，$F_0 \sin\theta$ となる．物体の運動方程式は，設定する座標系の各軸方向で考えればよく

$$\begin{cases} m\dfrac{\mathrm{d}^2 x}{\mathrm{d}t^2} = F_0 \cos\theta \\ m\dfrac{\mathrm{d}^2 y}{\mathrm{d}t^2} = F_0 \sin\theta + N - mg \end{cases} \tag{1・53}$$

と書ける．そこで，式(1・53)を用いて，質点が x_1 から x_2 まで移動するとき，質点に作用するすべての力のする仕事を求めよう．仕事は，運動方向に沿った外力を x_1 から x_2 まで積分することで求まる．いま，質点は x 軸に沿って運動しているので，**y 軸方向の外力は仕事をしない**．そのため，x 軸方向の運動方程式の両辺を x_1 から x_2 まで積分すると

$$\int_{x_1}^{x_2} m\frac{\mathrm{d}^2 x}{\mathrm{d}t^2}\mathrm{d}x = \int_{x_1}^{x_2} F_0 \cos\theta\,\mathrm{d}x \tag{1・54}$$

となるので，左辺に先ほどと同様に式(1・51)の置換積分を施し，右辺は $F_0 \cos\theta$ が定数であることを考慮すれば，質点に作用する外力がした仕事と運動エネルギー

の変化の関係は

$$\frac{1}{2}mv_2{}^2 - \frac{1}{2}mv_1{}^2 = \Delta x F_0 \cos\theta \tag{1.55}$$

と求まる．ここに，$\Delta x = x_2 - x_1$ である．

2　内　積
Inner Product

仕事をより一般的に捉えるために，内積の概念を導入しておこう．いま，次元の等しい二つのベクトル $\boldsymbol{A} = (a_x, a_y)^\top$ と $\boldsymbol{B} = (b_x, b_y)^\top$ を考え，これらのなす角を θ とするとき

$$\boldsymbol{A} \cdot \boldsymbol{B} = |\boldsymbol{A}||\boldsymbol{B}|\cos\theta \tag{1.56}$$

を $\boldsymbol{A}$ と $\boldsymbol{B}$ の**スカラー積**，あるいは**内積**という[†6]．スカラー積は次の性質をもつ．

$$\begin{cases} \boldsymbol{A} \cdot \boldsymbol{B} = \boldsymbol{B} \cdot \boldsymbol{A} & \text{(交換則)} \\ \boldsymbol{A} \cdot (\boldsymbol{B} + \boldsymbol{C}) = \boldsymbol{A} \cdot \boldsymbol{B} + \boldsymbol{A} \cdot \boldsymbol{C} & \text{(分配則)} \\ a(\boldsymbol{A} \cdot \boldsymbol{B}) = (a\boldsymbol{A}) \cdot \boldsymbol{B} = \boldsymbol{A} \cdot (a\boldsymbol{B}) & \text{(スカラー倍)} \end{cases} \tag{1.57}$$

式 (1.56) の定義から，$\boldsymbol{A}$ と $\boldsymbol{B}$ が直交するときは $\boldsymbol{A} \cdot \boldsymbol{B} = 0$ となる．また逆に，$\boldsymbol{A} \cdot \boldsymbol{B} = 0$ ならば $\boldsymbol{A}$ と $\boldsymbol{B}$ は直交するか，$\boldsymbol{A}$ か $\boldsymbol{B}$ の大きさが 0 となっている．座標軸方向の単位ベクトルを $\boldsymbol{e}_x$, $\boldsymbol{e}_y$ とすれば

$$\begin{cases} \boldsymbol{e}_x \cdot \boldsymbol{e}_x = \boldsymbol{e}_y \cdot \boldsymbol{e}_y = 1 \\ \boldsymbol{e}_x \cdot \boldsymbol{e}_y = 0 \end{cases} \tag{1.58}$$

が成り立つ．そこで，ベクトル $\boldsymbol{A}$, $\boldsymbol{B}$ を単位ベクトルを使って表せば

$$\begin{cases} \boldsymbol{A} = a_x \boldsymbol{e}_x + a_y \boldsymbol{e}_y \\ \boldsymbol{B} = b_x \boldsymbol{e}_x + b_y \boldsymbol{e}_y \end{cases}$$

Note

[†6] ここでは，2 次元ベクトルの内積に関して述べているが，一般に，これらの性質は 3 次元以上でも同様に成り立つ．

であるから，A と B のスカラー積は

$$A \cdot B = a_x b_x + a_y b_y = A^\top B \tag{1.59}$$

となる．本書では慣性系で示されたベクトルの成分を操作する機会が多いため，式(1.59)のように内積を転置ベクトルで表す方が便利である．そのような理由から，以後，「内積をとる」といえば「転置したベクトルを掛ける」ことにする．

3 内積を用いた仕事と仕事率の定義
Definition of Work and Power Expressed in Inner Product

では，内積を用いて，もう一度，仕事について考えよう．図 1.14 において，引張力は $F_0 = (F_0 \cos\theta, F_0 \sin\theta)^\top$，垂直抗力は $N = (0, N)^\top$，重力は $f_g = (0, -mg)^\top$ とそれぞれベクトル表現できる．質点に作用するすべての外力の和を $F = F_0 + N + f_g$ とし，x_1 から x_2 への変位 Δx を $\Delta r = (\Delta x, 0)^\top$ と表す．これらの内積をとってみると

$$\Delta r^\top F = \Delta r^\top F_0 + \Delta r^\top N + \Delta r^\top f_g = \Delta x F_0 \cos\theta \tag{1.60}$$

となり，式(1.55)の右辺と等しくなる．ここで，N，f_g は Δr と直交しているので，$\Delta r^\top N = 0$，$\Delta r^\top f_g = 0$ となる．つまり，外力 F により質点が Δr だけ動いたとき，質点のする仕事は変位 Δr と外力 F の内積で求まる．さらに，Δr を限りなく小さくしていくと，微小変位に対する仕事は $F^\top \mathrm{d}r$ となるので，任意の軌道 $r = r(t)$ に対する外力 F の仕事は以下で表せる[†7]．

$$\Delta W = \int_r F^\top \mathrm{d}r \tag{1.61}$$

これまで，仕事は定義に基づき，空間における積分で表してきた．つまり，時間は考慮せずに，仕事を扱ってきた．しかし，実際の運動では，空間の移動は時間と密に関係している．そこで，仕事と時間の関係を見ておこう．微小変位 $\mathrm{d}r$ は式(1.17)の関係から $\mathrm{d}r = v\mathrm{d}t$ を満たすので，これを式(1.61)に入れて置換積分すれば

$$\Delta W = \int_t (F^\top v)\mathrm{d}t \tag{1.62}$$

を得る．つまり，仕事は「外力と速度の内積に対して時間積分する」ことで求まり，右辺の $(\boldsymbol{F}^\top \boldsymbol{v})$ は**仕事率**（単位時間当たりの仕事）と呼ばれる．式(1·61)と式(1·62)は，実質的に同じであることは以上の展開から明らかである．

式(1·61)は定義から直感的に理解しやすいが，積分変数がベクトル量である点で少し扱いづらい．一方，式(1·62)の積分変数は時間 t なので，時間に対する動的な振舞いを扱う際にはこちらを用いるほうが便利である．そのことを，図1·14で見ておこう．式(1·53)の運動方程式をベクトルを用いて表現し直すと

$$m\frac{\mathrm{d}^2 \boldsymbol{r}}{\mathrm{d}t^2} = \boldsymbol{F}_0 + \boldsymbol{N} + \boldsymbol{f}_g \tag{1·63}$$

となる．ここで，$\boldsymbol{r} = (x, y)^\top$ である．式(1·63)は外力によって質点が動かされるようすを示しているので，質点の速度を転置したもの $\boldsymbol{v}^\top$ を外力作用を示した式(1·63)の両辺に左から掛けてみる．これは式(1·63)と $\boldsymbol{v}$ の内積をとっており

$$m\boldsymbol{v}^\top \frac{\mathrm{d}^2 \boldsymbol{r}}{\mathrm{d}t^2} = \boldsymbol{v}^\top \left(\boldsymbol{F}_0 + \boldsymbol{N} + \boldsymbol{f}_g \right) \tag{1·64}$$

となる．速度ベクトルと変位ベクトルの向きは等しいので，$\boldsymbol{v}$ は $\boldsymbol{N}$, $\boldsymbol{f}_g$ とそれぞれ直交しており，$\boldsymbol{v}^\top \boldsymbol{N} = 0$, $\boldsymbol{v}^\top \boldsymbol{f}_g = 0$ となる．これらを踏まえて，式(1·64)を時間積分すれば

$$\frac{1}{2}m\boldsymbol{v}_2^\top \boldsymbol{v}_2 - \frac{1}{2}m\boldsymbol{v}_1^\top \boldsymbol{v}_1 = \int_{t_1}^{t_2} \boldsymbol{v}^\top \boldsymbol{F}_0 \, \mathrm{d}t \tag{1·65}$$

を得る．ここで，左辺の変形には式(1·51)を用いており，$\boldsymbol{v}(t_1) = \boldsymbol{v}_1$, $\boldsymbol{v}(t_2) = \boldsymbol{v}_2$ と置いた．図1·14では x 軸方向にのみ動くので，質点の速度は $\boldsymbol{v} = (v, 0)^\top$ となる．これを式(1·65)に代入すれば式(1·55)が得られることから，式(1·65)の右辺がこのときの仕事を表しているとわかる．式(1·65)に見られるように，運動エネルギーは，一般に以下のように書ける．

$$K = \frac{1}{2}m\boldsymbol{v}^\top \boldsymbol{v} \tag{1·66}$$

Note

†7　$\mathrm{d}\boldsymbol{r}^\top \boldsymbol{F} = \boldsymbol{F}^\top \mathrm{d}\boldsymbol{r}$ の関係を用いた．

4　保存力

Conservative Force

図 1·15 の示すように，重力の作用のもとで質点（質量 m）の鉛直方向の運動を考える．座標軸は鉛直上向きを y 軸の正方向にとり，質点の位置を $\bm{r} = (x, y)^\top$，速度を $\bm{v} = (v_x, v_y)^\top$ と表す．質点が原点 O($\bm{r}_0 = (0, 0)^\top$) から点 A($\bm{r}_a = (0, y_a)^\top$) へ移動したとする．このとき，重力 $\bm{f}_g = (0, -mg)^\top$ によってされる仕事は，式 (1·61) から

$$\Delta W_{\mathrm{O} \to \mathrm{A}} = \int_{\bm{r}_0}^{\bm{r}_a} \bm{f}_g^\top \mathrm{d}\bm{r} = \left[\bm{f}_g^\top \bm{r} \right]_{\bm{r}_0}^{\bm{r}_a} = -mg(r_{ay} - r_{0y}) \qquad (1\cdot 67)$$

と求まる．では，図 1·16 に示すように，原点 O から点 B($\bm{r}_b = (x_b, y_b)^\top$) を経由し，点 A へ至るときの仕事はどのようになるか．このときの仕事は，O から B，B から A の和として考えればよく

$$\begin{aligned}
\Delta W_{\mathrm{O} \to \mathrm{B} \to \mathrm{A}} &= \Delta W_{\mathrm{O} \to \mathrm{B}} + \Delta W_{\mathrm{B} \to \mathrm{A}} \\
&= \int_{\bm{r}_0}^{\bm{r}_b} \bm{f}_g^\top \mathrm{d}\bm{r} + \int_{\bm{r}_b}^{\bm{r}_a} \bm{f}_g^\top \mathrm{d}\bm{r} \\
&= -mg(r_{by} - r_{0y}) - mg(r_{ay} - r_{by}) \\
&= -mg(r_{ay} - r_{0y})
\end{aligned} \qquad (1\cdot 68)$$

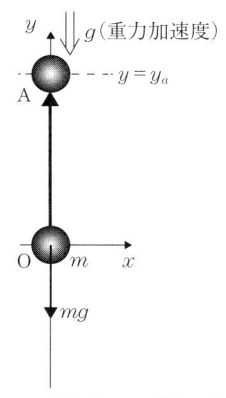

図 1·15　重力下での質点の鉛直運動における仕事

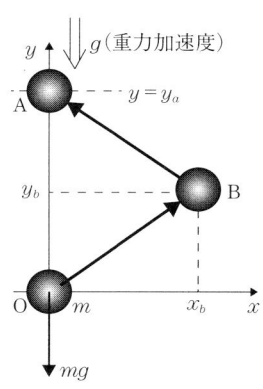

図 1·16　重力下での質点の2次元運動における仕事

となり，式(1·67)と等しいことがわかる．重力による仕事では，途中の経路には依らず，最初と最後の位置だけで決まる．このような性質を持つ力を**保存力**という．

5 ポテンシャルエネルギー
Potential Energy

図 1·15 において，質点が原点 $\boldsymbol{r}(0) = (0,0)^\top$ から自由落下し，時刻 t_1 で $\boldsymbol{r}(t_1) = (0,-y_1)^\top$ へ移動したとする（y_1 は正の定数とする）．このとき，質点に作用する外力は重力 $\boldsymbol{f}_g = (0,-mg)$ だけなので，質点の運動方程式は

$$m\frac{\mathrm{d}\boldsymbol{v}}{\mathrm{d}t} = \boldsymbol{f}_g \tag{1·69}$$

となる．この質点が原点から $-y_1$ まで移動する間の仕事を求めてみる．式(1·52)と同様にして，式(1·69)の両辺に $\boldsymbol{r}(0)$ から $\boldsymbol{r}(t_1)$ まで変位積分してみると

$$\left[\frac{1}{2}m\boldsymbol{v}^\top \boldsymbol{v}\right]_0^{t_1} = \int_{\boldsymbol{r}(0)}^{\boldsymbol{r}(t_1)} \boldsymbol{f}_g^\top \mathrm{d}\boldsymbol{r} \tag{1·70}$$

となり，さらに，ベクトル成分で表現すると

$$\frac{1}{2}mv_1{}^2 - \frac{1}{2}mv_0{}^2 = \int_0^{-y_1} -mg\,\mathrm{d}y \tag{1·71}$$

を得る．ここで，v_0 は時刻 0 での速さ，v_1 は時刻 t_1 での速さを表しており，$v_0 = 0$ であるので左辺第 2 項は実質 0 となる．この式は，$y = 0$ から $y = -y_1$ まで動く間に質点のした仕事により，質点の運動エネルギーが変化していることを示している．この式をより詳細に見てみると，「高い位置 $y = 0$ から低い位置 $y = -y_1$ へ降下したことで，運動エネルギーは $(1/2)mv_1{}^2$ だけ増加している」と解釈できる．逆に，これは「**位置を**$y = -y_1$ **から** $y = 0$ **まで上昇させれば，運動エネルギーを生み出す能力を蓄えられる**」とも解釈できる．この運動エネルギーを生み出す潜在的な（potential）能力を**ポテンシャルエネルギー**または**ポテンシャル**といい，式(1·71)の積分区間を逆にした量

$$\Delta U = \int_{-y_1}^0 -mg\,\mathrm{d}y = \int_0^{-y_1} mg\,\mathrm{d}y \tag{1·72}$$

Note

により定義する．右辺のように，式(1·71)右辺を -1 倍したものをポテンシャルの定義としても良い．より一般的に，位置 $y = y_1$ とこれより高い位置 $y = y_2$ の間のポテンシャルは

$$\Delta U = \int_{y_1}^{y_2} mg \, \mathrm{d}y = \Big[mgy \Big]_{y_1}^{y_2} \tag{1·73}$$

と定義され，特に，この能力は位置（高さ）によって決まるので**位置エネルギー**と呼ばれる．式(1·73)によれば，高さ $y = y_2$ にある質点は，高さ $y = y_1$ にあるときに比べて $mg(y_2 - y_1)$ だけ大きい位置エネルギーを持つと解釈できる．一般に，位置エネルギーの基準点を $y = 0$ にとり，位置 $\boldsymbol{r}$ での位置エネルギーを

$$U(\boldsymbol{r}) = m\boldsymbol{g}^\top \boldsymbol{r} \tag{1·74}$$

と表すことが多い．ここで，$\boldsymbol{g} = (0, g)^\top$ とした．式(1·74)からわかるように，位置エネルギーは重力（y 軸）方向への移動で変化するのに対し，重力と直交する x 軸方向の移動では変化しない．重力方向の距離だけで位置エネルギーは決まる．一般に，保存力ではこの性質が成り立つ．また，$\boldsymbol{r}_1$ から $\boldsymbol{r}_2$ へ質点が動く際の保存力 $\boldsymbol{f}_c$ による仕事とポテンシャルエネルギーの間には

$$\int_{\boldsymbol{r}_1}^{\boldsymbol{r}_2} \boldsymbol{f}_c^\top \mathrm{d}\boldsymbol{r} = -(U(\boldsymbol{r}_2) - U(\boldsymbol{r}_1)) \tag{1·75}$$

が成り立つことは，式(1·72)のポテンシャルエネルギーの定義から明らかである．

式(1·66)の運動エネルギー，式(1·74)の位置エネルギーの式からわかるように，エネルギーは多次元で表されるベクトル量の特徴を内積を用いることでスカラー量として表している．エネルギーを考えれば，3 次元空間内であっても，外力によって変化する物体の運動状態を直感的，定量的に理解しやすくなる．

1.5 エネルギー保存の法則

Law of Conservation of Energy

1 重力下での質点の運動

Motion of a Particle in Gravity

図 1·15 の質点の鉛直運動において，原点から初速度 $\bm{v}(0) = (0, v_0)^\top$ で投げ上げるときのエネルギーの変化を見ておこう．時刻 t での運動エネルギーと位置エネルギーを求めるため，式(1·69)で表される質点の運動方程式と速度 $\bm{v}$ との内積をとり，その式の両辺を時刻 $t' = 0$ から $t' = t$ まで時間積分することで

$$\left[\frac{1}{2}m\bm{v}(t')^\top \bm{v}(t')\right]_0^t = -\left[m\bm{g}^\top \bm{r}(t')\right]_0^t \tag{1·76}$$

を得る．さらに，これを整理すると

$$\frac{1}{2}m\bm{v}(0)^\top \bm{v}(0) + m\bm{g}^\top \bm{r}(0) = \frac{1}{2}m\bm{v}(t)^\top \bm{v}(t) + m\bm{g}^\top \bm{r}(t) \tag{1·77}$$

となり，時刻 $t' = 0$ での運動エネルギーと位置エネルギーの和が，時刻 $t' = t$ でのそれと等しくなる．運動エネルギー K と位置エネルギー U の和

$$E = K + U \tag{1·78}$$

を**力学的エネルギー**という．時刻 $t' = 0$ での力学的エネルギーは初期位置，初速度から決まるので，任意の時刻において

$$\frac{1}{2}m\bm{v}(t)^\top \bm{v}(t) + m\bm{g}^\top \bm{r}(t) = E \;(一定) \tag{1·79}$$

となり，運動中，力学的エネルギーは保存される．これを**エネルギー保存の法則**という．

式(1·79)をベクトルの要素で書き表すと

$$\frac{1}{2}mv^2(t) + mgy(t) = E \;(一定) \tag{1·80}$$

Note

となり，$y(0) = 0$ では $U = 0$, $K = (1/2)mv_0^2$，最高点 $y = y_h$ では $K = 0$，$U = mgy_h$ となる．ただし，$y = 0$ を位置エネルギーの基準 $U = 0$ にとった．図 **1·17** は，この運動における質点の位置（高さ）と運動エネルギー，位置エネルギーの関係を示している．投上げ後，運動エネルギーは位置エネルギーに変換されて質点の速度は低下し，最高点でゼロとなる．その後，位置エネルギーが減少する代わりに運動エネルギーが増加し，質点の速度はだんだん速くなる．このように，エネルギーの観点から見れば，自由落下運動では位置エネルギーと運動エネルギーの交換によって運動が生じていることがわかる．

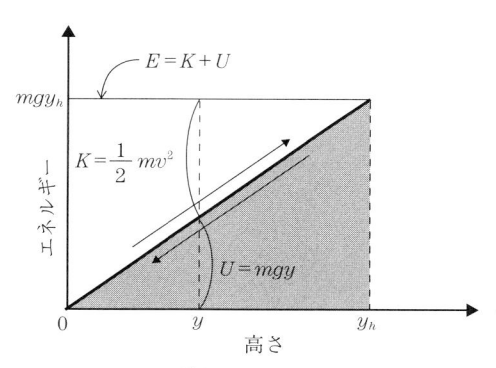

図 1·17 落体の力学的エネルギー

2 マス–ダンパ–バネ系（機械系）の運動
Motion of a Mass-Damper-Spring System (A Mechanical System)

図 **1·18** に示す，バネとダンパを付加した質点（マス）の 1 次元運動を考える．バネは自然長からの伸び x に比例し，自然長に戻ろうとする力（弾性力）$f_s = -kx$ を生み出す．また，ダンパは速度 v に比例し，速度とは逆方向に作用する力（粘性力）$f_d = -cv$ を生み出す．ここで，k を**バネ定数**，c を**粘性係数**という．静止状態でバネが自然長となるときの質点の位置を原点にとり，質点を原点から x_0 だけ動かしたところから，そっと手を離す．このときの運動中のエネルギーを求めよう．

質点に作用する外力は，バネとダンパによる力なので，このときの質点の運動

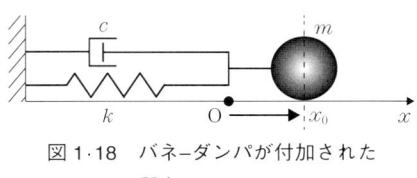

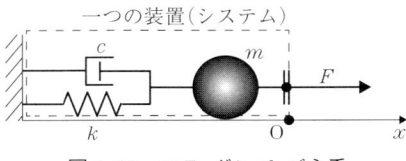

図 1·18　バネ−ダンパが付加された質点

図 1·19　マス−ダンパ−バネ系

方程式は

$$m\frac{\mathrm{d}^2 x}{\mathrm{d}t^2} = -c\frac{\mathrm{d}x}{\mathrm{d}t} - kx \tag{1·81}$$

となる．運動は x 軸方向に行われるので，この方程式と速度 v との内積をとり，$t' = 0$ から $t' = t$ まで時間積分すると

$$\left[\frac{1}{2}m(v(t'))^2\right]_0^t = -\int_0^t c(v(t'))^2 \, \mathrm{d}t' - \left[\frac{1}{2}k(x(t'))^2\right]_0^t \tag{1·82}$$

となる．これを整理すると

$$\begin{aligned}&\frac{1}{2}m(v(0))^2 + \frac{1}{2}k(x(0))^2 \\ &= \frac{1}{2}m(v(t))^2 + \frac{1}{2}k(x(t))^2 + \int_0^t c(v(t'))^2 \, \mathrm{d}t'\end{aligned} \tag{1·83}$$

となる．ここで，$(1/2)kx^2$ を**弾性エネルギー**といい，この値は質点の位置だけで決まる．そのため，弾性力は重力と同様に保存力となる．この式より，初期のエネルギーは，時刻 $t' = t$ で運動エネルギー，弾性エネルギー，ダンパに関するエネルギーに分配されていることがわかる．それゆえ，この場合も式 (1·77) のようにエネルギー保存の法則が成り立っているようにみえる．しかし，式 (1·83) の右辺の最終項は他の項と異なり，時刻 0 から t までの時間積分からなっている．しかも，この項は速度の二乗の積分となっており，速度が生じている限り正の値として増え続ける．式 (1·83) の右辺第 1 項は運動エネルギーであり，この値をもつ限り速度が生じる．また，右辺第 2 項は弾性エネルギーであり，この値をもつ限

り運動（つまり，速度）を生み出す潜在能力がある．これらのことから，時刻が十分に経った後には運動エネルギーと弾性エネルギーがゼロとなり，右辺最終項は初期エネルギーと等しくなる．このとき，質点は原点で静止している．すなわち，式(1·83)の右辺第 1, 2 項は運動のためのエネルギーを表しているのに対し，右辺最終項は運動のためのエネルギーを吸収して運動を止めるはたらきをしている．この運動を止める能力を**散逸エネルギー**という．実際には，散逸エネルギーは熱や音への変換により外部へエネルギーを散逸しており，ダンパはその役割をしている．ロボットのように指定された位置で静止するには，ダンパのようなエネルギーを散逸させる要素が極めて重要となってくる．

さらに，質点に外力 F が作用している場合を考える．先ほどの例では，質点に着目することで質点に作用する力を書き出した．しかし，外力による装置の振舞いに興味がある場合には，**図 1·19** に示すように，マス，ダンパ，バネを一つの装置（システム）として捉え，そこに外力が加わっていると考えたほうが都合が良い．その場合には，式(1·81)の運動方程式において，ダンパとバネによる力を左辺に移項し

$$m\ddot{x} + c\dot{x} + kx = F \tag{1·84}$$

と示し，このシステムを**マス–ダンパ–バネ系**（機械系）という．一般に，運動方程式の左辺は着目しているシステム自身の特性，右辺はシステムに作用する力を記述することが多い．式(1·84)の左辺第 2 項は粘性項，第 3 項は弾性項と呼ばれる．このシステムの静止状態に外力 F が作用したときのエネルギーは

$$\left[\frac{1}{2}m\dot{x}^2\right]_0^t + \int_0^t c\dot{x}^2\,\mathrm{d}t + \left[\frac{1}{2}kx^2\right]_0^t = \int_0^t F\dot{x}\,\mathrm{d}t \tag{1·85}$$

となり，システムに加えられた力（外力）のした仕事はシステムの運動エネルギー，散逸エネルギー，弾性エネルギーのいずれかに分配されることがわかる．

1.6 座標変換とエネルギー保存の法則
Coordinate Transformation and Law of Conservation of Energy

1 座標変換
Coordinate Transformation

ニュートンの運動の法則では，慣性系であれば運動方程式が成り立つ．これまで，暗に重力と平行に y 軸を置き，座標系 $\mathrm{O}-xy$ を選んできたが，これとは異なる慣性系を選んだ場合でもエネルギー保存の法則が成り立つことを確認しておきたい．そのため，座標系 $\mathrm{O}-xy$ を原点を中心に θ_0 だけ回転させた座標系 $\mathrm{O}'-x'y'$ を考え，これら二つの座標系の間の変換を明らかにしておく[8]．

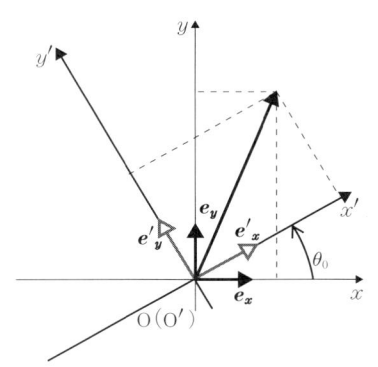

図 1·20　座標系 $\mathrm{O}-xy$ から原点中心に θ_0 だけ回転させた座標系 $\mathrm{O}'-x'y'$

図 **1·20** は，このときの二つの座標系の関係を示している．座標系 $\mathrm{O}-xy$ の単位ベクトルを $\boldsymbol{e}_x$, $\boldsymbol{e}_y$，座標系 $\mathrm{O}'-x'y'$ の単位ベクトルを $\boldsymbol{e}'_x$, $\boldsymbol{e}'_y$ とすれば

$$\begin{cases} \boldsymbol{e}'_x = \cos\theta_0 \boldsymbol{e}_x + \sin\theta_0 \boldsymbol{e}_y \\ \boldsymbol{e}'_y = -\sin\theta_0 \boldsymbol{e}_x + \cos\theta_0 \boldsymbol{e}_y \end{cases} \tag{1·86}$$

Note

[8] 変換する座標系は，慣性系に対して傾けるが動かないものとする（時間と共に変化しない）．それゆえ，座標変換した座標系も慣性系である．

が成り立つ．また逆に

$$\begin{cases} \bm{e}_x = \cos\theta_0 \bm{e}'_x - \sin\theta_0 \bm{e}'_y \\ \bm{e}_y = \sin\theta_0 \bm{e}'_x + \cos\theta_0 \bm{e}'_y \end{cases} \tag{1.87}$$

も成り立つ．これより，座標系 $\mathrm{O}' - x'y'$ で表される任意のベクトル $\bm{r}' = (x', y')^\top$ は，座標系 $\mathrm{O} - xy$ において

$$\bm{r} = \begin{pmatrix} \cos\theta_0 & -\sin\theta_0 \\ \sin\theta_0 & \cos\theta_0 \end{pmatrix} \bm{r}' \tag{1.88}$$

と表せる．特に，この式の右辺の行列

$$R = \begin{pmatrix} \cos\theta_0 & -\sin\theta_0 \\ \sin\theta_0 & \cos\theta_0 \end{pmatrix} \tag{1.89}$$

は，**回転行列**と呼ばれる．行列 R は**正規直交行列**となっており，この行列の逆行列は

$$R^{-1} = R^\top \tag{1.90}$$

を満たす．いま，式(1.86)と式(1.87)の関係から

$$\bm{r} = R\bm{r}', \qquad \bm{r}' = R^\top \bm{r} \tag{1.91}$$

となる．この式を式(1.90)と比較すると，$\bm{r}$ と $\bm{r}'$ の間の変換は逆行列で表せることがわかる．逆を言えば，$\bm{r}$ と $\bm{r}'$ の関係が正規直交行列により関連づけられれば，その逆の関係はその行列の転置により関連づけられる．

2 変換された座標系におけるエネルギー保存の法則
Law of Conservation of Energy on a Transformed Coordinate System

図 1·15 で定義した座標系 $\mathrm{O} - xy$ に対して原点中心に θ_0 だけ回転させた座標系 $\mathrm{O}' - x'y'$ を図 **1·21** のように定義し，この座標系において落体の運動を考える．

この座標系 $\mathrm{O}' - x'y'$ も慣性系であることは明らかである．この座標系に関する質点の運動方程式は

1.6 座標変換とエネルギー保存の法則

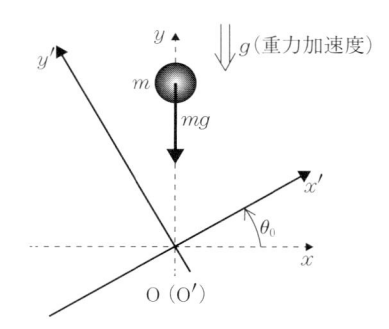

図 1·21 異なる慣性系から見た質点の自由落下運動

$$m\ddot{\bm{r}}' = -m\bm{g}' \tag{1.92}$$

となる．ここで，$\bm{g}' = (g\sin\theta_0, g\cos\theta_0)^\top$ とした．そこで，この式とこの座標系での速度 $\dot{\bm{r}}' = (\dot{x}', \dot{y}')^\top$ の内積をとり，$t'=0$ から $t'=t$ まで時間積分すると

$$\left[\frac{1}{2}m\dot{\bm{r}}'(t')^\top \dot{\bm{r}}'(t')\right]_0^t = \left[-m\bm{g}'^\top \bm{r}'(t')\right]_0^t \tag{1.93}$$

を得る．これより，力学的エネルギーは

$$E(t) = \frac{1}{2}m\dot{\bm{r}}'(t)^\top \dot{\bm{r}}'(t) + m\bm{g}'^\top \bm{r}'(t) \tag{1.94}$$

となる．式 (1.91)，$RR^\top = I$ の関係から

$$\begin{cases} \dot{\bm{r}}'(t)^\top \dot{\bm{r}}'(t) = \dot{\bm{r}}(t)^\top RR^\top \dot{\bm{r}}(t) = \dot{\bm{r}}(t)^\top \dot{\bm{r}}(t) \\ \bm{g}'^\top \bm{r}'(t) = \bm{g}^\top RR^\top \bm{r}(t) = \bm{g}^\top \bm{r}(t) \end{cases} \tag{1.95}$$

の変換ができるので，座標系 $O'-x'y'$ で表される式 (1.94) の力学的エネルギーと座標系 $O-xy$ で表される式 (1.79) の力学的エネルギーは等しいことがわかる．以上のことから，物体の全エネルギーは，慣性系で表される限り，その取り方には依らないことがわかる．

Note

理解度 Check

- ☐ 位置と変位の違いを理解している．
- ☐ 位置，速度，加速度の関係を微分，積分を使って表せる．
- ☐ ニュートンの運動の法則（慣性の法則，運動の法則，作用・反作用の法則）を理解している．
- ☐ 物体に作用する力を，物体が他に及ぼす力と区別して，すべて書き出せる．
- ☐ 書き出した力から，運動方程式が導ける．
- ☐ 運動方程式は「物体に力が作用しているので運動の変化が生じる」といった因果関係の式であることを理解している．
- ☐ 「慣性系」とはどのような座標系を指すのかを理解している．
- ☐ 「仕事」の定義を理解している．
- ☐ 運動方程式と速度の内積をとり，その式の両辺を時間積分することで，エネルギーに関する式を導ける．
- ☐ マス–ダンパ–バネ系の運動において，システムに加えられた力（外力）のした仕事は，システムの運動エネルギー，散逸エネルギー，弾性エネルギーのいずれかになる．
- ☐ 運動方程式に散逸項がない場合には，外力が作用しない限り，エネルギーは保存されること（エネルギー保存の法則）を理解している．
- ☐ 座標系を慣性系で選ぶ限り，どのような座標系を選んだとしても，エネルギーは不変である．

Training 演習問題

1 質量 m の質点が外力の影響なしに x 軸上を運動している．初速度 $\dot{x}(0) = v_0$，初期位置 $x(0) = x_0$ のとき，以下の問いに答えよ．

1. 質点の運動方程式を求めよ．
2. 積分を用いて，時刻 t での質点の位置，速度を求めよ．
3. $x_0 = 100\,\text{m}$，$v_0 = 10\,\text{m/s}$ のとき，$t = 5\,\text{s}$ での位置と速度を求めよ．
4. 3 において，質点の位置，速度の時間応答 (x-t グラフ，v-t グラフ) を示せ．
5. 4 の結果から，v-t グラフの面積が質点の変位となることを確認せよ．
6. 時刻 t での質点の運動エネルギー $K(t)$ を求めよ．

2 図 1·11 に示すように，質量 m の質点が重力（重力加速度定数：g）の影響を受けて x 軸上を運動している．初速度 $\dot{x}(0) = v_0$，初期位置 $x(0) = x_0$ のとき，以下の問いに答えよ．

1. 質点の運動方程式を求めよ．
2. 積分を用いて，時刻 t での質点の位置，速度を求めよ．
3. $x_0 = 100\,\text{m}$，$v_0 = 10\,\text{m/s}$ のとき，$t = 5\,\text{s}$ での位置と速度を求めよ．ただし，$g = 9.8\,\text{m/s}^2$ とする．
4. 3 において，質点の位置，速度，加速度の時間応答 (x-t グラフ，v-t グラフ，a-t グラフ) を示せ．
5. 運動方程式から，時刻 $t = 0$ と $t = t_1$ の間のエネルギーの関係を示せ．また，時刻 t での運動エネルギー K，位置エネルギー U を示せ．
6. 3 での結果を用いて，5 のエネルギーが保存していることを確認せよ．ただし，$m = 1\,\text{kg}$ とする．位置エネルギーの基準は適当でよい（$x = 0$ とすればよい）．

3 図 1·11 において，空気抵抗 $-c\dot{x}$ を考慮する．

1. 質点の運動方程式を求めよ．
2. $V = \dot{x} - \dfrac{mg}{c}$ と置くと，運動方程式は

1章 並進運動の力学

$$\frac{\mathrm{d}V}{V} = -\frac{c}{m}\,\mathrm{d}t$$

と書けることを確かめよ．

3. 初速度 $\dot{x} = 0$ として，2 の結果を積分し，時刻 t での速度 $\dot{x}(t)$ を求めよ．
4. $t \to \infty$ における速度 $\dot{x}(\infty)$ を求めよ．
5. 運動方程式から，$t' = 0$ でのエネルギーと $t' = t$ でのエネルギーの関係を示せ．ただし，時刻 t における運動エネルギー $K(t)$，位置エネルギー $U(t)$，初期時刻におけるそれらをそれぞれ $K(0)$，$U(0)$ とする．

4 図 1·14 に示すように，質点 m の物体が重力（重力加速度定数：g）の影響を受けて，一定の外力 $\boldsymbol{F}_0$ により滑らかな床面上を浮くことなく運動している．外力 $\boldsymbol{F}_0$ は運動中，水平方向に対して角度 θ を保っているとする．以下の問いに答えよ．

1. x 軸方向，y 軸方向の運動方程式を求めよ．
2. 垂直抗力 N を求めよ．
3. 時刻 t での質点の位置 $\boldsymbol{r}(t) = (x(t), y(t))^\top$，速度 $\dot{\boldsymbol{r}}(t) = (\dot{x}(t), \dot{y}(t))^\top$ を求めよ．ただし，初期位置，初速度は共にゼロとする．
4. 外力 $\boldsymbol{F}_0$ が $t = 0$ から $t = 5\,\mathrm{s}$ までにした仕事を 3 の結果を用いて求めよ．
5. 4 において，運動エネルギーの変化を求め，4 での結果と等しいことを確認せよ．

5 式 (1·89) の回転行列に関して，式 (1·90) の関係が成り立つことを確認せよ．

2章 Dynamics of Rotational Motion

回転運動の力学

学習のPoint

- 並進運動での運動量に対して，回転運動の量を表す角運動量を導入する．
- 角運動量の変化と外トルクの関係から，回転系の運動方程式が導ける．
- 微分・積分を使えば，回転の運動方程式から仕事・エネルギーの関係が導ける．
- 慣性系に対して加速度を持つ座標系においても，座標系の加速を「見かけの力」として見積もることで，慣性系と同様に運動方程式が扱える．
- 回転運動の特徴と加速度座標系における運動方程式の導出方法の理解を学習の目的とする．

● 2章　回転運動の力学

2.1　角運動量

Angular Momentum

1　角運動量とトルク

Relation between Angular Momentum and Torque

　ロボットの可動部分である関節は，回転機構で構成されることが多い．図 **2・1** に示すような 1 関節ロボットアームの回転運動を考えよう．このとき，関節は座標系 $O-xy$ の原点まわりに回転できる．このロボットアームの関節まわりの回転運動と力の関係を調べるため，図 **2・2** のようにロボットアームの質量を質点に見立て，回転関節に繋がれた質量を無視できる長さ r の棒の他端に質点を取り付けたモデルを考える[†1]．

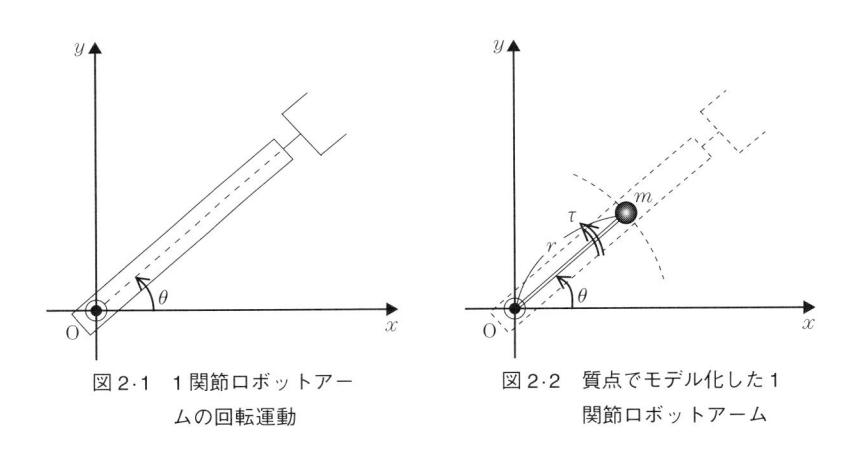

図 2・1　1 関節ロボットアームの回転運動

図 2・2　質点でモデル化した 1 関節ロボットアーム

　並進運動では，運動の変化と力の関係を表すのに運動量 $\bm{p} = m\bm{v} = (m\dot{x}, m\dot{y})^\top$ を導入した．回転運動を扱うために，「回転運動の量」を表せると便利である．そこで，新たに原点まわりの回転運動の量を

$$L_z = xp_y - yp_x \tag{2.1}$$

と定義する[†2]．図 **2・3** のように棒を原点まわりに一定の速さで回転させたとき，

2.1 角運動量

棒上の 2 点の速さは異なり，回転中心から離れるにつれて大きくなる．式(2·1) ではこれを考慮し，運動量を各成分 p_x, p_y に分けて，それらの作用線と回転中心との距離（それぞれ y, x となる）をそれぞれ掛ける．さらに，原点まわりの x 軸正方向から y 軸正方向への回転方向（z 軸正方向に右ネジが進む回転方向）を正として，回転運動する量を各成分で表すと $-yp_x$, xp_y となる．そして，これらの和を取ったものが式(2·1)である．式(2·1)の量を，原点に関する質点の**角運動量**という．

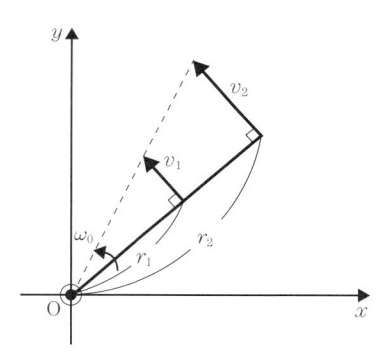

図 2·3　回転運動における回転中心からの距離と速さの関係

いま，角運動量の時間変化を考え，式(2·1)を時間微分すると

$$\begin{aligned}\frac{\mathrm{d}L_z}{\mathrm{d}t} &= \dot{x}p_y + x\dot{p}_y - \dot{y}p_x - y\dot{p}_x \\ &= \dot{x}(m\dot{y}) + x(m\ddot{y}) - \dot{y}(m\dot{x}) - y(m\ddot{x}) \\ &= x(m\ddot{y}) - y(m\ddot{x}) \end{aligned} \quad (2\cdot 2)$$

を得る．また，質点に作用する外力の総和を $\boldsymbol{F} = (F_x, F_y)^\top$ と表すと，質点の運動方程式（運動量の変化と外力の関係）は

$$m\ddot{x} = F_x, \qquad m\ddot{y} = F_y \quad (2\cdot 3)$$

Note

†1　実際は形状を持った物体（剛体）として扱うべきであるが，それは 3 章で扱うこととし，ここでは単純に質点の回転運動を考える．

†2　運動量が並進運動の度合いを表しているのに対して，角運動量は運動を「一つの点まわりの回転の度合い」の観点から眺めた量である．本章では主に原点まわりの角運動量を扱うが，原点まわりである必要はなく，基準となる点はどこにとっても構わない．

となることから，式(2·2)と式(2·3)を見比べると，

$$\frac{dL_z}{dt} = xF_y - yF_x \tag{2·4}$$

の関係が得られる．この式の右辺は外力による原点まわりの回転力を表しており，これを**トルク**または**力のモーメント**という．このトルクを $N_z(= xF_y - yF_x)$ で表し，式(2·4)は一般に

$$\frac{dL_z}{dt} = N_z \tag{2·5}$$

と書く．式(2·5)は「トルク N_z が質点に作用するならば角運動量 L_z に変化が生じる」または「角運動量 L_z に変化が生じるならば質点にはトルク N_z が作用している」といった因果関係を表している．

座標系 $\mathrm{O}-xy$ が右手系となるように z 軸を加えれば，式(2·1)はこの座標系の z 軸まわりの角運動量，式(2·5)の N_z も z 軸まわりのトルクと考えてよい．一般に，質点の3次元運動において，座標系 $\mathrm{O}-xyz$ での位置が $\boldsymbol{r} = (x, y, z)^\top$，運動量が $\boldsymbol{p} = (p_x, p_y, p_z)^\top = m\dot{\boldsymbol{r}}$，質点に作用する外力が $\boldsymbol{F} = (F_x, F_y, F_z)^\top$ で表されるとき，座標系 $\mathrm{O}-xyz$ の各軸まわりの角運動量とトルクはそれぞれ

$$\begin{cases} L_x = yp_z - zp_y \\ L_y = zp_x - xp_z \\ L_z = xp_y - yp_x \end{cases} \quad \begin{cases} N_x = yF_z - zF_y \\ N_y = zF_x - xF_z \\ N_z = xF_y - yF_x \end{cases} \tag{2·6}$$

と定義できる．そこで，角運動量ベクトルを $\boldsymbol{L} = (L_x, L_y, L_z)^\top$，トルクベクトルを $\boldsymbol{N} = (N_x, N_y, N_z)^\top$ とすれば，角運動量の変化とトルクの関係は

$$\frac{d\boldsymbol{L}}{dt} = \boldsymbol{N} \tag{2·7}$$

と表せる．

2 外　積

Outer Product

角運動量やトルクをより直感的に捉えるために，外積の概念を導入しよう．いま，

3次元ベクトル $\boldsymbol{A} = (a_x, a_y, a_z)^\top$, $\boldsymbol{B} = (b_x, b_y, b_z)^\top$ により, $\boldsymbol{C} = (c_x, c_y, c_z)^\top$ が

$$\begin{cases} c_x = a_y b_z - a_z b_y \\ c_y = a_z b_x - a_x b_z \\ c_z = a_x b_y - a_y b_x \end{cases} \tag{2.8}$$

で決まるとする. これを

$$\boldsymbol{C} = \boldsymbol{A} \times \boldsymbol{B} \tag{2.9}$$

と書き, $\boldsymbol{C}$ を $\boldsymbol{A}$ と $\boldsymbol{B}$ のベクトル積, あるいは外積という. $\boldsymbol{A}$ と $\boldsymbol{B}$ のなす角のうち小さいほうを θ $(0 \leq \theta \leq \pi)$ と置くと, $\boldsymbol{C}$ の大きさは,

$$|\boldsymbol{C}| = |\boldsymbol{A}||\boldsymbol{B}|\sin\theta \tag{2.10}$$

となる. また, $\boldsymbol{C}$ は $\boldsymbol{A}$ と $\boldsymbol{B}$ に直交し, その向きは $\boldsymbol{A}$ から $\boldsymbol{B}$ に右ネジを回すときの進む向きに等しい. 図2.4 はこれらのベクトルの関係を示しており, 幾何学的な関係と式(2.10)から, $\boldsymbol{C}$ の大きさは $\boldsymbol{A}$ と $\boldsymbol{B}$ のつくる平行四辺形の面積に等しいことがわかる. ベクトル積は以下の性質をもつ.

図2.4 ベクトル積

Note

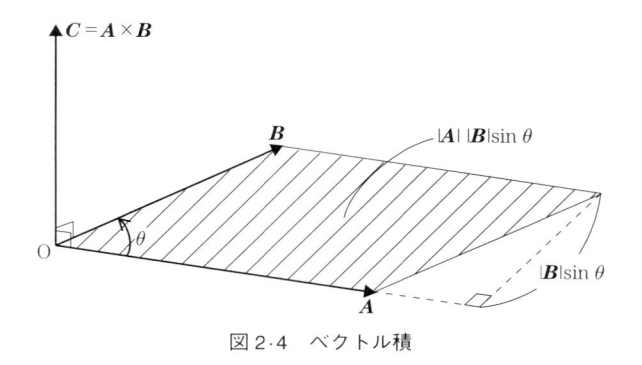

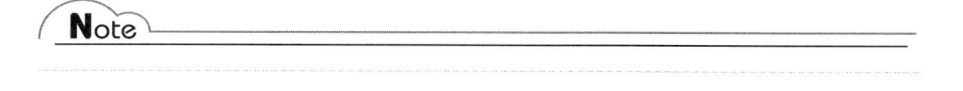

● 2章　回転運動の力学

$$\begin{cases} \boldsymbol{A} \times \boldsymbol{B} = -\boldsymbol{B} \times \boldsymbol{A} \\ \boldsymbol{A} \times \boldsymbol{A} = \boldsymbol{0} \\ \boldsymbol{A} \times (\boldsymbol{B} + \boldsymbol{C}) = \boldsymbol{A} \times \boldsymbol{B} + \boldsymbol{A} \times \boldsymbol{C} \end{cases} \tag{2·11}$$

内積とは異なり，ベクトル積ではベクトルの掛ける順番によって結果が異なる．つまり，交換則は成り立たないことに注意する必要がある．

直交座標系の単位ベクトルを $\boldsymbol{e}_x$, $\boldsymbol{e}_y$, $\boldsymbol{e}_z$ とすれば，これらは互いに直交しているので

$$\begin{cases} \boldsymbol{e}_x \times \boldsymbol{e}_x = \boldsymbol{e}_y \times \boldsymbol{e}_y = \boldsymbol{e}_z \times \boldsymbol{e}_z = \boldsymbol{0} \\ \boldsymbol{e}_x \times \boldsymbol{e}_y = \boldsymbol{e}_z, \quad \boldsymbol{e}_y \times \boldsymbol{e}_z = \boldsymbol{e}_x, \quad \boldsymbol{e}_z \times \boldsymbol{e}_x = \boldsymbol{e}_y \end{cases} \tag{2·12}$$

となる．ベクトル $\boldsymbol{A}$, $\boldsymbol{B}$ をこれらの単位ベクトルにより表せば

$$\begin{cases} \boldsymbol{A} = a_x \boldsymbol{e}_x + a_y \boldsymbol{e}_y + a_z \boldsymbol{e}_z \\ \boldsymbol{B} = b_x \boldsymbol{e}_x + b_y \boldsymbol{e}_y + b_z \boldsymbol{e}_z \end{cases} \tag{2·13}$$

と書けるので，これらのベクトル積は式(2·12)を参考にして

$$\boldsymbol{A} \times \boldsymbol{B} = (a_y b_z - a_z b_y)\boldsymbol{e}_x + (a_z b_x - a_x b_z)\boldsymbol{e}_y + (a_x b_y - a_y b_x)\boldsymbol{e}_z \tag{2·14}$$

となる．また，これは行列式を用いると

$$\boldsymbol{A} \times \boldsymbol{B} = \begin{vmatrix} \boldsymbol{e}_x & \boldsymbol{e}_y & \boldsymbol{e}_z \\ a_x & a_y & a_z \\ b_x & b_y & b_z \end{vmatrix} \tag{2·15}$$

のように表せる．この式は，ベクトルとスカラーが混ざった形式のため，少し違和感を覚えるかもしれない．式(2·15)において，単位ベクトルはそれぞれの要素を書き出したりせずにほかのスカラー量と同等に扱い，式(2·14)を導き出す便利な記述法と捉えて欲しい．以上の外積の性質を踏まえれば

$$A^\top(B \times C) = B^\top(C \times A) = C^\top(A \times B) \tag{2.16}$$

が成り立つこともわかる．式 (2·16) を**スカラー3重積**といい，この値はスカラー量となる．また，

$$A \times (B \times C) = (A^\top C)B - (A^\top B)C \tag{2.17}$$

を**ベクトル3重積**といい，この値はベクトル量となる．これらの性質は後ほどの計算で必要となってくる．

3 角運動量とトルクの外積表現
Angular Momentum and Torque Expressed in Outer Product

式 (2·6) の角運動量とトルクを式 (2·8) と式 (2·9) の外積の定義に当てはめると

$$L = r \times p, \qquad N = r \times F \tag{2.18}$$

と書ける．角運動量は位置ベクトルと運動量ベクトルの外積，トルクは位置ベクトルと外力ベクトルの外積で表せる．また，角運動量の時間微分は

$$\dot{L} = \dot{r} \times p + r \times \dot{p} \tag{2.19}$$

となるが，この式の右辺第1項は，運動量の定義から

$$\dot{r} \times p = m(\dot{r} \times \dot{r}) = 0 \tag{2.20}$$

となる．これより，式 (2·19) は式 (2·7) と一致することがわかる．

図 2·2 において，ロボットアームは xy 平面内を動く．r と F のなす角を ϕ とすれば，外力が回転軸（z 軸）まわりに生み出すトルクの大きさは式 (2·10) より $|F||r|\sin\phi$ となる．ここで，$\rho = r\sin\phi$ はちょうど回転中心 O と外力 F に沿った直線との距離となり，ρ は回転中心 O に対する外力 F のモーメントアームと呼ばれる（図 2·5 参照）．つまり，外力 F がモーメントアーム ρ で回転中心 O まわりに回転する力がトルクであり，式 (2·7) によればこのトルクが質点の角運動量

Note

に変化をもたらしている．

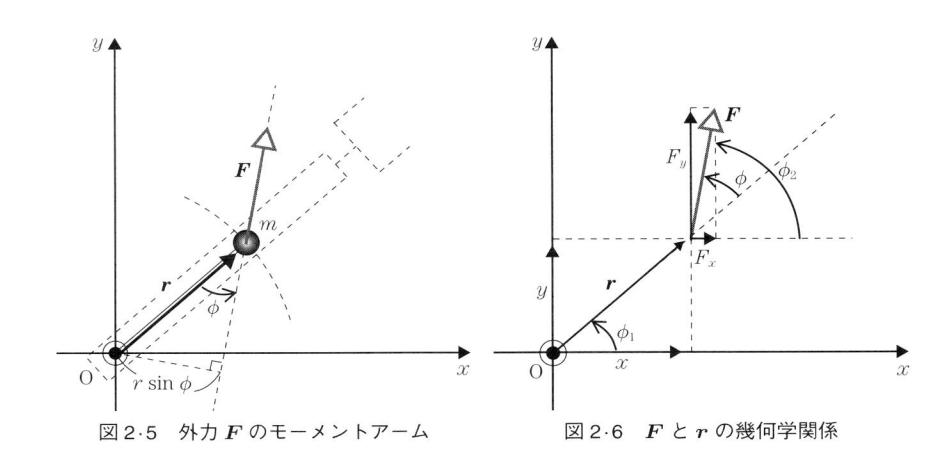

図 2·5　外力 F のモーメントアーム

図 2·6　F と r の幾何学関係

　xy 平面での回転量は z 軸で表されるため，回転量を扱う際には z 軸込みでベクトルを定義したほうが都合良い．図 2·2 では，位置ベクトルは $r = (x, y, 0)^\top$，運動量は $p = (m\dot{x}, m\dot{y}, 0)^\top$，外力 $F = (F_x, F_y, 0)^\top$ と書ける．式(2·18)より，角運動量 L は r と p に直交し，その向きは r から p に右ネジを回すときの進む向きに等しい．同様に，トルク N は r と F に直交し，その向きは r から F に右ネジを回すときの進む向きに等しい．つまり，図 2·2 の場合では，r, p, F は xy 平面内のベクトルであるから，角運動量 L とトルク N の向きは共に回転軸（z軸）と等しくなる．これらは，式(2·18)を計算すれば

$$L = \begin{pmatrix} 0 \\ 0 \\ xp_y - yp_x \end{pmatrix}, \quad N = \begin{pmatrix} 0 \\ 0 \\ xF_y - yF_x \end{pmatrix} \tag{2·21}$$

となることからも確認できる．ここで，$|F||r|\sin\phi = xF_y - yF_x$ となることは，図 2·6 に示す幾何学関係（$|F| = F$, $|r| = r$ として，$x = r\cos\phi_1$, $y = r\sin\phi_1$, $F_x = F\cos\phi_2$, $F_y = F\sin\phi_2$, $\phi = \phi_2 - \phi_1$）から求められる．

2.2 角運動量保存の法則と等速円運動

Law of Conservation of Angular Momentum, Uniform Circular Motion

回転運動において，外力により生じるトルクがゼロのとき，すなわち，

$$\frac{d\boldsymbol{L}}{dt} = \boldsymbol{0} \tag{2.22}$$

が成り立つとき，角運動量 $\boldsymbol{L}$ は保存される．これを**角運動量保存の法則**という．角運動量が保存されるのは

$$\boldsymbol{r} \times \boldsymbol{F} = \boldsymbol{0}, \qquad |\boldsymbol{r}||\boldsymbol{F}|\sin\phi = 0 \tag{2.23}$$

のとき，つまり，(1) 質点の位置が回転中心にある（$\boldsymbol{r} = \boldsymbol{0}$）場合か，(2) 外力がゼロである（$\boldsymbol{F} = \boldsymbol{0}$）場合，(3) $\boldsymbol{r}$ と $\boldsymbol{F}$ のなす角が $\phi = 0, \pi$ である場合のいずれかである．特に，$\boldsymbol{r} \neq \boldsymbol{0}$ かつ $\boldsymbol{F} \neq \boldsymbol{0}$ であっても，それらのなす角が $\phi = 0, \pi$ であれば角運動量は保存される．このときの外力 $\boldsymbol{F}$ を**中心力**といい，この力は運動中，常に 1 点に向いている．

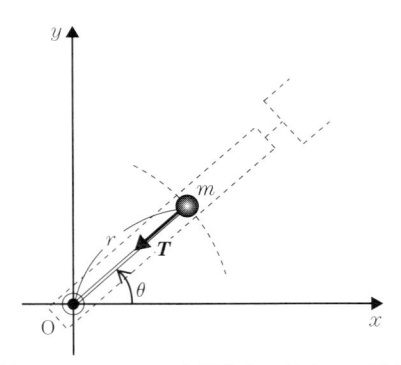

図 2.7 位置ベクトル $\boldsymbol{r}$ と平行逆向きの外力 $\boldsymbol{T}$ が作用する運動

いま，図 2.2 の棒付き質点の運動において，質点の角運動量が保存する場合を

● 2章　回転運動の力学

考えよう．図 2·7 に示すように，質点は適当な速度で動いており，原点まわりで式(2·23)を満たす大きさ T の外力が質点に作用している．また，質点と原点を結ぶ直線（以下，これを半径と呼ぶ）の x 軸からの角を θ とする．このときの質点の運動方程式は

$$\begin{cases} m\ddot{x} = -T\cos\theta & (x\text{軸方向}) \\ m\ddot{y} = -T\sin\theta & (y\text{軸方向}) \end{cases} \tag{2·24}$$

と書ける．この式の上式両辺に $\cos\theta$，下式両辺に $\sin\theta$ をそれぞれ掛けて辺々足し合わせる（半径方向の単位ベクトルとの内積をとる）．また同様に，上式両辺に $-\sin\theta$，下式両辺に $\cos\theta$ をそれぞれ掛けて辺々足し合わせる（半径と垂直方向の単位ベクトルとの内積をとる）．すると，質点の運動方程式は

$$\begin{cases} m\ddot{x}\cos\theta + m\ddot{y}\sin\theta = -T & (\text{向心方向}) \\ -m\ddot{x}\sin\theta + m\ddot{y}\cos\theta = 0 & (\text{接線方向}) \end{cases} \tag{2·25}$$

に変形できる．これは，半径方向とそれに垂直な方向に関する運動方程式である．運動方程式は力の関係を表しているので，式(2·25)の接線方向の式に対してモーメントアーム r を掛ければ

$$-m\ddot{x}r\sin\theta + m\ddot{y}r\cos\theta = 0 \tag{2·26}$$

を得る．この式は，並進運動の運動方程式に対して，回転運動の運動方程式といえる．質点は回転中心から r 離れたところを運動するので

$$x = r\cos\theta, \qquad y = r\sin\theta \tag{2·27}$$

であるから，式(2·1)を参考にすれば，式(2·26)は式(2·22)の運動量保存の法則を示している．

この運動を直感的に捉えるため，極座標 (ρ, θ) を導入しよう．$\rho = r$ は一定であることを踏まえると，質点の速度，加速度には以下の関係が成り立つ．

$$\dot{x} = -r(\sin\theta)\dot{\theta}, \qquad \dot{y} = r(\cos\theta)\dot{\theta} \tag{2·28}$$

$$\ddot{x} = -r(\cos\theta)\dot{\theta}^2 - r(\sin\theta)\ddot{\theta}, \qquad \ddot{y} = -r(\sin\theta)\dot{\theta}^2 + r(\cos\theta)\ddot{\theta} \qquad (2\cdot 29)$$

そこで，式(2·29)を式(2·26)に代入すれば，回転の運動方程式

$$mr^2\ddot{\theta} = 0 \qquad (2\cdot 30)$$

を得る．ここで，m と r は定数なのでこの方程式を満たすには $\ddot{\theta} = 0$ でなければならず，ω_0 を定数とすれば $\dot{\theta} = \omega_0$ となる．角度の時間微分 $\dot{\theta}$ を**角速度**という．また，式(2·25)の向心方向の式に式(2·29)を $\ddot{\theta} = 0$ として代入すれば

$$mr\omega_0{}^2 = T \qquad (2\cdot 31)$$

を得る．これは接線方向のつりあいの式を示しており，質点が一定の角速度 $\dot{\theta} = \omega_0$ で円運動するための外力（中心力）の条件を示している．実際，この力は質点に取り付けられた棒によって生み出され，この力を**向心力**という．このとき，棒は作用・反作用の関係から向心力とは逆向きで大きさの等しい力を受ける．この力こそ，我々が重い物を振り回した際に受ける力である．この運動を**等速円運動**という．

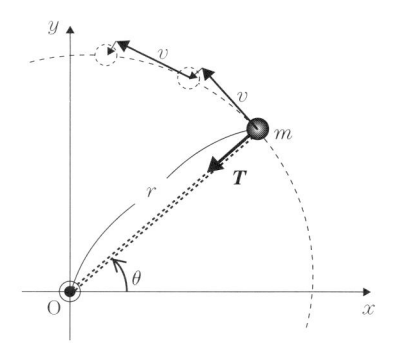

図2·8 向心力により円運動が生じることの直感的な解釈

等速円運動では式(2·27)，式(2·28)の関係が成り立つので，位置ベクトル $\bm{r} = (x, y, 0)^\top$ と速度ベクトル $\dot{\bm{r}} = (\dot{x}, \dot{y}, 0)^\top$ の内積をとると

Note

●2章　回転運動の力学

$$\boldsymbol{r}^\top \dot{\boldsymbol{r}} = 0 \tag{2·32}$$

となる．速度は常に位置と直交しており，運動円の接線方向ベクトルとなっている．質点は円の接線方向に進むが，向心力により加速度が回転中心方向にかかるため，結果として質点は点 O を中心とした円運動をおこなう（図 **2·8** 参照）．

この向心力がする仕事について考えよう．座標系 $\mathrm{O}-xyz$ における向心力を $\boldsymbol{T} = (-T\cos\theta, -T\sin\theta, 0)^\top$ と表せば，式 (2·24) の質点の運動方程式は，

$$m\ddot{\boldsymbol{r}} = \boldsymbol{T} \tag{2·33}$$

と書ける．この運動方程式と速度 $\dot{\boldsymbol{r}}$ との内積をとり，その式の両辺を $t' = 0$ から $t' = t$ まで時間積分すると

$$\left[\frac{1}{2}m\dot{\boldsymbol{r}}^\top\dot{\boldsymbol{r}}\right]_0^t = \int_0^t \boldsymbol{T}^\top \dot{\boldsymbol{r}} \, \mathrm{d}t' \tag{2·34}$$

となる．この式の右辺において，向心力と速度は常に直交しているので $\boldsymbol{T}^\top \dot{\boldsymbol{r}} = 0$ となり，向心力（中心力）は仕事をしないことがわかる．それゆえ，運動中は

$$\frac{\mathrm{d}}{\mathrm{d}t}\left(\frac{1}{2}m\dot{\boldsymbol{r}}^\top \dot{\boldsymbol{r}}\right) = 0 \tag{2·35}$$

となる．つまり，等速円運動では，質点に中心力が作用していても仕事はせず，運動エネルギーは変化しない．

2.3　回転の運動方程式

Equation of Motion on Rotation

図 2·2 の円運動では，位置ベクトルと速度ベクトルが直交している．また，この変化をもたらすのは角速度である．それゆえ，角運動量を外積で表したように，速度ベクトルを位置ベクトルと角速度により表せると力学作用が見えやすく便利である．式 (2·28) において，$\dot{\theta} = \omega$ と式 (2·27) を代入すれば

$$\dot{x} = -y\omega, \qquad \dot{y} = x\omega \tag{2·36}$$

を得る．ここで，角速度は一定でなくても成り立つ．いま，角速度ベクトルを $\boldsymbol{\omega} = (0,0,\omega)^\top$ と定義すると，式(2·8)と式(2·9)の外積の定義から，

$$\dot{\boldsymbol{r}} = \boldsymbol{\omega} \times \boldsymbol{r} \tag{2·37}$$

と書けることがわかる．この関係を用いれば，式(2·18)より角運動量は

$$\boldsymbol{L} = \boldsymbol{r} \times (m\dot{\boldsymbol{r}}) = m\boldsymbol{r} \times (\boldsymbol{\omega} \times \boldsymbol{r}) \tag{2·38}$$

と表せる．このベクトル3重積を式(2·17)に従って解けば

$$\begin{aligned}\boldsymbol{L} &= m(\boldsymbol{r}^\top \boldsymbol{r})\boldsymbol{\omega} - m(\boldsymbol{r}^\top \boldsymbol{\omega})\boldsymbol{r} \\ &= mr^2 \boldsymbol{\omega}\end{aligned} \tag{2·39}$$

を得る．ここで，z 軸まわりの平面回転運動では $\boldsymbol{r}$ と $\boldsymbol{\omega}$ は直交するので，$\boldsymbol{r}^\top \boldsymbol{\omega} = 0$ となる．それゆえ，式(2·7)の角運動量の変化とトルクの関係から，固定関節軸まわりの**回転の運動方程式**

$$mr^2 \dot{\boldsymbol{\omega}} = \boldsymbol{N} \tag{2·40}$$

を得る．ここで，棒の長さ（ロボットアームの長さ）は運動中変わらないことが多いので，r を定数とした．式(2·40)は z 成分だけからなるので（$\boldsymbol{N} = (0,0,\tau)^\top$），これを抜き出すと

$$mr^2 \ddot{\theta} = \tau \tag{2·41}$$

を得る[†3]．これは回転関節軸まわりの運動方程式を表しており，左辺は並進運動の運動方程式における慣性に相当し，mr^2 を質点の**慣性モーメント**という．また，右辺のトルク τ は外力に相当する．実際には，関節に配置されたサーボモータなどによりトルクが加えられ，ロボットアームはこの方程式に従って運動する．つまり，この式は「**モータ駆動トルクが加わるならば，ロボットアームは回転運動する**」という因果関係を示している．表 **2·1** に，回転運動と並進運動の運動方程

Note

[†3] z 軸まわりのトルクは，モータの駆動トルクであることが多く，習慣的に駆動トルクは τ で記述される．そこで，本書では 3 次元空間でのトルクベクトルを $\boldsymbol{N}$，固定関節軸での駆動トルクを τ で表す．

●2章 回転運動の力学

式に関する対応関係を示す[†4].

ロボットアームを質点に見立てた図 2·2 の回転の運動方程式は，座標系 $O-xy$ で記述すると式 (2·24) のように二つの方程式で書き表されるのに対して，式 (2·41) では一つの式で記述される．しかし，式 (2·24) では一つが向心力に関する式であったため，運動に関する式は一つとなる．一般に，ロボットの動きはそれぞれ固定軸をもつ関節の動きからなるので，ロボットの運動方程式は関節の数と同数で書き表せる．しかし，複数の関節が連なったロボットの運動では，関節間で力の相互作用が生じるため，式 (2·41) のような単純な方程式とはならない．そのような場合でも，システムの全エネルギーを求めれば，5 章で学ぶ「ラグランジュの方法」を使うことで複雑な運動方程式をシステマティックに解くことができる．

表 2·1 並進運動と回転運動の対応関係

並進運動		回転運動	
名称	変数	名称	変数
位置	x	角度	θ
速度	$\dot{x}\,(=v)$	角速度	$\dot{\theta}\,(=\omega)$
加速度	$\ddot{x}\,(=a)$	角加速度	$\ddot{\theta}$
力	F	トルク	τ
慣性	m	慣性モーメント	mr^2
運動量	$m\dot{x}$	角運動量	$mr^2\dot{\theta}$
運動方程式	$m\ddot{x}=F$	運動方程式	$mr^2\ddot{\theta}=\tau$

2.4 質点の回転エネルギー

Rotational Energy of a Particle

図 2·9 の質点に見立てた 1 関節ロボットアームの回転運動において，重力が作用する場合の運動を考えよう．物体には向心力 $\boldsymbol{T}=(-T\cos\theta,-T\sin\theta,0)^\top$，重力 $\boldsymbol{f}_g=(0,-mg,0)^\top$，モータ駆動トルク $\boldsymbol{N}=(0,0,\tau)^\top$ が作用しているので，これらを考慮して角運動量の変化とトルクの関係を求めると

2.4 質点の回転エネルギー

$$\dot{\boldsymbol{L}} = \boldsymbol{N} + \boldsymbol{r} \times (\boldsymbol{T} + \boldsymbol{f}_g) \tag{2.42}$$

となる．これを整理して，z 成分を抜き出せば，回転の運動方程式

$$mr^2\ddot{\theta} = \tau - mgr\cos\theta \tag{2.43}$$

を得る．ここで，向心力は $\boldsymbol{r}$ と平行なので $\boldsymbol{r} \times \boldsymbol{T} = \boldsymbol{0}$ となる．

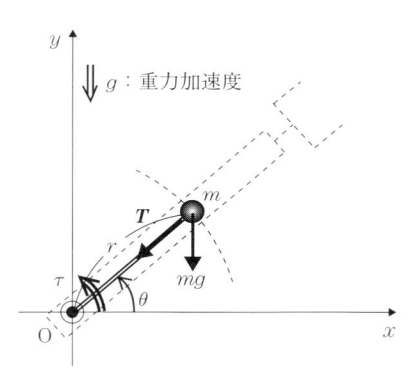

図 2.9 重力のある質点の回転運動

式 (2.43) の運動方程式からモータ駆動トルクのする仕事とエネルギーの変化を調べよう．並進運動では，力 F の変位から仕事を求めた．式 (2.43) はトルクに関する式のため，トルク τ に対応する変位は θ となる．そこで，θ を時間微分した $\dot{\theta}$ を式 (2.43) の両辺に掛けて，$t' = 0$ から $t' = t$ まで時間積分すると

$$\left[\frac{1}{2}mr^2\dot{\theta}^2 + mgr\sin\theta\right]_0^t = \int_0^t \tau^\top \dot{\theta}\, dt' \tag{2.44}$$

を得る．この式の左辺第 1 項は質点の**回転エネルギー**，第 2 項は $y = 0$ を基準とした質点の位置エネルギーを表している．$y = r\sin\theta$ を用いればこの位置エネルギーは mgy と書け，y は重力 mg に対する高さとなる．また，右辺はモータ駆動トルクのした仕事を表しており，この仕事により質点の回転エネルギーと位置エ

Note

†4 本章では，平面内で固定された回転軸まわりの回転運動のみを扱っている．一般には，回転は 3 次元空間内でおこなわれるが，3 次元空間での回転は 5 章で扱う．

ネルギーが変化している．モータ駆動トルクがない場合，つまり，$\tau = 0$ の場合には，式(2·44)から

$$\frac{1}{2}mr^2\dot{\theta}(t)^2 + mgr\sin\theta(t) = \frac{1}{2}mr^2\dot{\theta}(0)^2 + mgr\sin\theta(0) \quad (2\cdot45)$$

の関係が得られ，力学的エネルギー保存の法則が成り立つ．質点の速度は $|\dot{\boldsymbol{r}}| = r\omega = r\dot{\theta}$ であるから，回転エネルギーは

$$\frac{1}{2}mr^2\dot{\theta}^2 = \frac{1}{2}m\dot{\boldsymbol{r}}^\top\dot{\boldsymbol{r}} \quad (2\cdot46)$$

と変形できる．つまり，回転エネルギーは座標系 $O-xy$ での運動エネルギーにほかならないことがわかる．

慣性系から極座標 (ρ, θ) へ変換する際に式(2·31)のつりあいの式を得た．これは極座標での ρ 方向の運動方程式にほかならないが，ρ 方向の変位はないため，エネルギーとして出てこない．式(2·31)は運動の表面に出てこないが，「質点を $\rho = r$ につなぎ止めておくこと」を示した重要な式で，**束縛式**または**束縛条件**と呼ばれる．

2.5　加速度座標系と見かけの力

An Accelerating Reference Frame, an Apparent Force

1　並進加速度をもつ座標系

A Rectilinearly-Accelerating Reference Frame

複数の関節から構成されるロボットアームでは，慣性系からそれぞれのリンク（関節と関節を繋ぐ棒）の動きを解析することが難しくなる．そのような場合でも，各関節の動きが捉えやすい局所的な座標系（ローカル座標系）を設定すれば運動は捉えやすくなる．しかし，その座標系の多くは，一般に慣性系に対して加速度をもち，非慣性系となる．非慣性系ではこれまで扱ってきたニュートンの基本法則は成り立たない．運動方程式もこの基本法則から導き出されたものなので非慣性系では成り立たないが，幸い「見かけの力」を考慮することで，非慣性系でもこれまでと同様に運動方程式を扱うことができる．

2.5 加速度座標系と見かけの力

図 2·10 に示すように，慣性系 $O_0 - x_0y_0z_0$ に対して，質点が加速度 $\boldsymbol{\alpha} = (\alpha_x, \alpha_y, \alpha_z)^\top$ で移動している場合を考える．このとき，質点には外力 ${}^0\boldsymbol{F}$ が作用しており，慣性系で質点の運動方程式は

$$m{}^0\ddot{\boldsymbol{r}} = {}^0\boldsymbol{F} \tag{2.47}$$

と書ける．本節では，どの座標系で見た変数かを変数左肩に明記する．ベクトルの大きさと向きはどの座標系から見ても変わらないが，その要素の記述方法は座標系に依存する．つまり，図 1·20 で示したように，同じ力 $\boldsymbol{F}$ でも座標系 $O_0 - x_0y_0z_0$ で記した要素と，座標系 $O_1 - x_1y_1z_1$ で記した要素は異なる．実際にコンピュータを用いてロボットを動かす際には，要素を記述する必要がある．特に，複数の座標系を扱う際にはこれらがよく混在するため，しばしば取扱いに混乱を招く．そのため，執拗ではあるが，どの座標系で記した変数かを本節では記すことにする．

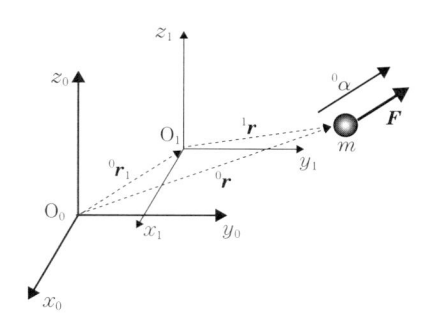

図 2·10　並進加速度をもつ座標系

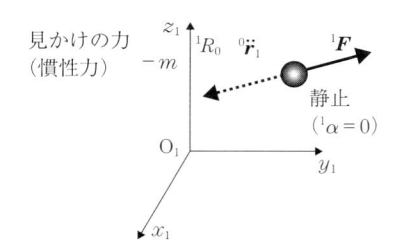

図 2·11　加速度座標系から見た質点の運動と見かけの力（慣性力）

次に，慣性系に対して並進方向に加速度を持つ座標系 $O_1 - x_1y_1z_1$ を導入する．この座標系を**加速度座標系**，または**運動座標系**と呼ぶ．いま，二つの座標系の軸の向きは同じとして，慣性系から見た加速度座標系の原点の位置を ${}^0\boldsymbol{r}_1$，加速度座標系から見た質点の位置を ${}^1\boldsymbol{r}$ で記す．すると，慣性系から見た質点の位置は

Note

$$^0\bm{r} = {}^0\bm{r}_1 + {}^0R_1\,^1\bm{r} \tag{2.48}$$

となる．ここで，$^0R_1$ は座標系 1 から座標系 0 への変換行列を示しており，ここでは座標系の向きが同じなので $^0R_1 = I_3$ である[†5]．式(2·48)から加速度の関係は

$$^0\ddot{\bm{r}} = {}^0\ddot{\bm{r}}_1 + {}^0R_1\,^1\ddot{\bm{r}} \tag{2.49}$$

となるので，これを式(2·47)に代入すれば

$$m\left({}^0R_1\,^1\ddot{\bm{r}} + {}^0\ddot{\bm{r}}_1\right) = {}^0\bm{F} \tag{2.50}$$

を得る．$^0R_1$ は正規直交行列なので，式(1·90)から $^1R_0 = {}^0R_1{}^{-1} = {}^0R_1{}^\top$ が成り立つ．そこで，$^0\bm{F} = {}^0R_1\,^1\bm{F}$ を式(2·50)に当てはめ，両辺に $^1R_0$ を掛けると

$$m\,^1\ddot{\bm{r}} + m\,^1R_0\,^0\ddot{\bm{r}}_1 = {}^1\bm{F} \tag{2.51}$$

を得る．これは加速度座標系で記した運動方程式である．慣性系の運動方程式との違いは左辺第 2 項の出現であり，$m\,^1R_0\,^0\bm{r}_1$ を見かけの力（慣性力）または単に**慣性力**という．この項は加速度座標系で運動方程式を表したために出てくる副産物であり，決して**加速度座標系で見ると新たな力が物体に作用する**という訳ではない．これが「見かけの力」と呼ばれる所以である．

この効果の直感的な理解のために，式(2·51)において加速度座標系が物体の加速度と同じ場合を考える．このとき，$^0\ddot{\bm{r}}_1 = {}^0\bm{\alpha}$ となる．また，式(2·47)より質点に加速度が生じている要因は外力 $^0\bm{F}$ であるから，$^1\bm{F} = {}^1R_0\,^0\bm{F} = m\,^1R_0\,^0\bm{\alpha}$ となる[†6]．これらを踏まえると，式(2·51)は

$$m\,^1\ddot{\bm{r}} = 0 \tag{2.52}$$

となる．実際，加速度座標系と質点は同じ加速度で動いているので，加速度座標系から質点を見ると止まって見え，式(2·52)はそれを示している．つまり，加速度座標系で質点を見ると止まって見える．しかし，質点には外力 $^1\bm{F}$ が作用しているのでそれとつりあう力がないと辻褄が合わない．そこで登場するのが「見かけの力」である（**図 2·11** 参照）．この力の正体は，慣性系に対する座標系の加速

を力に換算して表したものにほかならない．

2 回転する座標系
A Rotating Reference Frame

図 **2·12** に示すように，先ほどの質点の運動を慣性系に対して原点まわりに回転している座標系で考える．この座標系を**回転座標系**という．2.2 節で見たように回転運動では回転中心に向かう加速度が生じることから，回転座標系の適当な点は回転中心に対して加速度を持つ．それゆえ，回転座標系は非慣性系であり，この座標系では運動の基本法則は成り立たない．しかし，回転座標系でも，先ほどと同様に座標系の加速度を考慮すれば，運動方程式を記述できる．

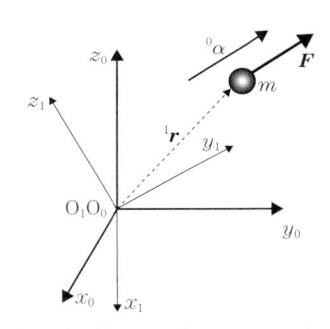

図 2·12 慣性系に対して原点まわりに回転する座標系

1.6 節を参考にすれば，慣性系で表した位置ベクトル $^0\boldsymbol{r}$ と回転座標系で表した位置ベクトル $^1\boldsymbol{r}$ の間に

$$^0\boldsymbol{r} = {}^0R_1\,{}^1\boldsymbol{r} \tag{2·53}$$

が成り立つ．ここで，$^0R_1$ は座標系 0 に対する座標系 1 の回転行列である．そこで，式 (2·53) を時間微分すると，

$$^0\dot{\boldsymbol{r}} = {}^0R_1 \frac{\mathrm{d}^{*\,1}\boldsymbol{r}}{\mathrm{d}t} + {}^0\dot{R}_1\,{}^1\boldsymbol{r} \tag{2·54}$$

> **Note**
> †5　I_3 は 3×3 の単位行列である．
> †6　この変形には，式 (2·47) を用いた．

● 2章　回転運動の力学

を得る．ここで，$\mathrm{d}^{*1}\boldsymbol{r}/\mathrm{d}t$ は座標系 1 での時間微分を表しており，座標系 1 の基本ベクトル $^1\boldsymbol{e}_{x1}$, $^1\boldsymbol{e}_{y1}$, $^1\boldsymbol{e}_{z1}$ に対して

$$\frac{\mathrm{d}^{*1}\boldsymbol{r}}{\mathrm{d}t} = \dot{x}_1{}^1\boldsymbol{e}_{x1} + \dot{y}_1{}^1\boldsymbol{e}_{y1} + \dot{z}_1{}^1\boldsymbol{e}_{z1} \tag{2.55}$$

を意味する．つまり，この記号は基本ベクトルを時間微分せずに，座標系 1 の成分 x_1, y_1, z_1 だけを時間微分することを意味する．また，$^0R_1 = (^0\boldsymbol{R}_{x1}, {}^0\boldsymbol{R}_{y1}, {}^0\boldsymbol{R}_{z1})$，$^1\boldsymbol{r} = (^1x, {}^1y, {}^1z)^\top$ とすると，式 (2.54) の右辺第 2 項は

$$\begin{aligned}
{}^0\dot{R}_1{}^1\boldsymbol{r} &= {}^0\dot{\boldsymbol{R}}_{x1}{}^1x + {}^0\dot{\boldsymbol{R}}_{y1}{}^1y + {}^0\dot{\boldsymbol{R}}_{z1}{}^1z \\
&= {}^0\boldsymbol{\omega}_1 \times {}^0\boldsymbol{R}_{x1}{}^1x + {}^0\boldsymbol{\omega}_1 \times {}^0\boldsymbol{R}_{y1}{}^1y + {}^0\boldsymbol{\omega}_1 \times {}^0\boldsymbol{R}_{z1}{}^1z \\
&= {}^0\boldsymbol{\omega}_1 \times ({}^0\boldsymbol{R}_{x1}{}^1x + {}^0\boldsymbol{R}_{y1}{}^1y + {}^0\boldsymbol{R}_{z1}{}^1z) \\
&= {}^0\boldsymbol{\omega}_1 \times ({}^0R_1{}^1\boldsymbol{r})
\end{aligned} \tag{2.56}$$

となるので，これを式 (2.54) に代入すれば

$$^0\dot{\boldsymbol{r}} = {}^0R_1 \frac{\mathrm{d}^{*1}\boldsymbol{r}}{\mathrm{d}t} + {}^0\boldsymbol{\omega}_1 \times ({}^0R_1{}^1\boldsymbol{r}) \tag{2.57}$$

を得る．ここに，$^0\boldsymbol{\omega}_1$ は角速度ベクトルであり，$\dot{\boldsymbol{r}} = \boldsymbol{\omega} \times \boldsymbol{r}$ の関係を用いた．式 (2.57) をさらに時間微分すれば

$$\begin{aligned}
{}^0\ddot{\boldsymbol{r}} = {}^0R_1 \frac{\mathrm{d}^{*2\,1}\boldsymbol{r}}{\mathrm{d}t^2} &+ 2{}^0\boldsymbol{\omega}_1 \times \left({}^0R_1 \frac{\mathrm{d}^1\boldsymbol{r}}{\mathrm{d}t}\right) \\
&+ {}^0\boldsymbol{\omega}_1 \times \left[{}^0\boldsymbol{\omega}_1 \times ({}^0R_1{}^1\boldsymbol{r})\right] + {}^0\dot{\boldsymbol{\omega}}_1 \times ({}^0R_1{}^1\boldsymbol{r})
\end{aligned} \tag{2.58}$$

となるので，これを式 (2.47) に代入すれば

$$\begin{aligned}
m\bigg\{{}^0R_1 \frac{\mathrm{d}^{*2\,1}\boldsymbol{r}}{\mathrm{d}t^2} &+ 2{}^0\boldsymbol{\omega}_1 \times \left({}^0R_1 \frac{\mathrm{d}^1\boldsymbol{r}}{\mathrm{d}t}\right) \\
&+ {}^0\boldsymbol{\omega}_1 \times \left[{}^0\boldsymbol{\omega}_1 \times ({}^0R_1{}^1\boldsymbol{r})\right] + {}^0\dot{\boldsymbol{\omega}}_1 \times ({}^0R_1{}^1\boldsymbol{r})\bigg\} = {}^0\boldsymbol{F}
\end{aligned} \tag{2.59}$$

を得る．この式の両辺に $^1R_0$ を掛ければ，座標系 1 から見た質点の運動方程式

$$m\bigg\{\frac{\mathrm{d}^{*2\,1}\boldsymbol{r}}{\mathrm{d}t^2} + 2{}^1R_0{}^0\boldsymbol{\omega}_1 \times \left(\frac{\mathrm{d}^1\boldsymbol{r}}{\mathrm{d}t}\right)$$

$$+ ({}^1R_0{}^0\boldsymbol{\omega}_1) \times \left[({}^1R_0{}^0\boldsymbol{\omega}_1) \times {}^1\boldsymbol{r}\right] + ({}^1R_0{}^0\dot{\boldsymbol{\omega}}_1) \times {}^1\boldsymbol{r} \Big\} = {}^1\boldsymbol{F} \qquad (2\cdot60)$$

を得る．この式の左辺第 2，3，4 項は回転座標系から見ることで出てくる項で，第 2 項を見かけの力（コリオリ力），第 3 項を見かけの力（遠心力）という．また，第 4 項は回転の加速度による見かけの力である．

加速度をもつ座標系であっても，座標系の加速を「見かけの力」として運動方程式に加味すれば，慣性系と同じように扱える．

2.6 角速度ベクトル

Angular Velocity Vector

1 角速度の表現方法

Expressions of Angular Velocity

2.3 節では，円運動における幾何学的な関係から角速度ベクトル $\boldsymbol{\omega}$ を 3 次元ベクトルで定義した．しかし，任意の回転をこのベクトルで表すことができるだろうか？ 結論を先に言ってしまうと，実は可能である．

いま，図 2·12 のように慣性系に対して任意に回転している座標系 1 を考え，この座標系上の点 $p : {}^1\boldsymbol{r}_p = (x_p, y_p, z_p)^\top$ の動きを考える．慣性系から見た回転座標系の基本ベクトルを ${}^0\boldsymbol{e}_{x1}$，${}^0\boldsymbol{e}_{y1}$，${}^0\boldsymbol{e}_{z1}$ とすると，慣性系で点 p の位置は

$$ {}^0\boldsymbol{r}_p = x_p{}^0\boldsymbol{e}_{x1} + y_p{}^0\boldsymbol{e}_{y1} + z_p{}^0\boldsymbol{e}_{z1} \qquad (2\cdot61)$$

と表せる．そこで，x_p, y_p, z_p が定数であることを考慮して，式 (2·61) の時間微分を取ると

$$ {}^0\dot{\boldsymbol{r}}_p = x_p{}^0\dot{\boldsymbol{e}}_{x1} + y_p{}^0\dot{\boldsymbol{e}}_{y1} + z_p{}^0\dot{\boldsymbol{e}}_{z1} \qquad (2\cdot62)$$

となる．つまり，回転している点 p は，回転座標系の単位ベクトルの向きが変化することで慣性系上を変位している．ここで，この変位を

Note

$$\begin{cases} {}^0\dot{\boldsymbol{e}}_{x1} = \omega_{xx}{}^0\boldsymbol{e}_{x1} + \omega_{xy}{}^0\boldsymbol{e}_{y1} + \omega_{xz}{}^0\boldsymbol{e}_{z1} \\ {}^0\dot{\boldsymbol{e}}_{y1} = \omega_{yx}{}^0\boldsymbol{e}_{x1} + \omega_{yy}{}^0\boldsymbol{e}_{y1} + \omega_{yz}{}^0\boldsymbol{e}_{z1} \\ {}^0\dot{\boldsymbol{e}}_{z1} = \omega_{zx}{}^0\boldsymbol{e}_{x1} + \omega_{zy}{}^0\boldsymbol{e}_{y1} + \omega_{zz}{}^0\boldsymbol{e}_{z1} \end{cases} \tag{2・63}$$

と表す.基本ベクトルは互いに直交しているので

$$\begin{cases} {}^0\boldsymbol{e}_{x1}{}^\top {}^0\boldsymbol{e}_{x1} = {}^0\boldsymbol{e}_{y1}{}^\top {}^0\boldsymbol{e}_{y1} = {}^0\boldsymbol{e}_{z1}{}^\top {}^0\boldsymbol{e}_{z1} = 1 \\ {}^0\boldsymbol{e}_{x1}{}^\top {}^0\boldsymbol{e}_{y1} = {}^0\boldsymbol{e}_{y1}{}^\top {}^0\boldsymbol{e}_{z1} = {}^0\boldsymbol{e}_{z1}{}^\top {}^0\boldsymbol{e}_{x1} = 0 \end{cases} \tag{2・64}$$

を満たし,さらにこれらの時間微分から

$$ {}^0\boldsymbol{e}_{x1}{}^\top {}^0\dot{\boldsymbol{e}}_{x1} = 0, \qquad {}^0\dot{\boldsymbol{e}}_{x1}{}^\top {}^0\boldsymbol{e}_{y1} + {}^0\boldsymbol{e}_{x1}{}^\top {}^0\dot{\boldsymbol{e}}_{y1} = 0 \tag{2・65}$$

などの関係を得る.式(2・64),式(2・65)の関係式に式(2・63)を当てはめると

$$\begin{cases} \omega_{xx} = \omega_{yy} = \omega_{zz} = 0 \\ \omega_{yz} + \omega_{zy} = 0, \quad \omega_{zx} + \omega_{xz} = 0, \quad \omega_{xy} + \omega_{yx} = 0 \end{cases} \tag{2・66}$$

となり,これらの関係は三つの変数で書き表せる.いま

$$\omega_x = \omega_{yz} = -\omega_{zy}, \quad \omega_y = \omega_{zx} = -\omega_{xz}, \quad \omega_z = \omega_{xy} = -\omega_{yx} \tag{2・67}$$

と置けば,これらを式(2・63)に代入し,その結果を式(2・62)に適用すれば

$$\begin{aligned} {}^0\dot{\boldsymbol{r}} &= (\omega_y z_p - \omega_z y_p){}^0\boldsymbol{e}_{x1} + (\omega_z x_p - \omega_x z_p){}^0\boldsymbol{e}_{y1} \\ &\quad + (\omega_x y_p - \omega_x y_p){}^0\boldsymbol{e}_{z1} \end{aligned} \tag{2・68}$$

を得る.それゆえ

$${}^0\boldsymbol{\omega}_1 = \omega_x{}^0\boldsymbol{e}_{x1} + \omega_y{}^0\boldsymbol{e}_{y1} + \omega_z{}^0\boldsymbol{e}_{z1} \tag{2・69}$$

と置けば,式(2・68)は

$${}^0\dot{\boldsymbol{r}}_p = {}^0\boldsymbol{\omega}_1 \times {}^0\boldsymbol{r}_p \tag{2・70}$$

と書ける.さらに,この関係は回転座標系の任意の点で成り立つので,任意の定

数を k として，${}^0\boldsymbol{r}_p = k{}^0\boldsymbol{\omega}_1$ とした点でも成り立つはずである．実際，これを式 (2·70) に適用すると，任意の k に対して

$$ {}^0\dot{\boldsymbol{r}}_p = {}^0\boldsymbol{\omega}_1 \times (k{}^0\boldsymbol{\omega}_1) = \boldsymbol{0} \tag{2·71}$$

となる．すなわち，${}^0\boldsymbol{\omega}_1$ の方向にある直線上では速度を持たず，このような直線は原点まわりのどのような回転に対しても必ず存在する．この直線を**瞬時回転軸**という．これらから，ある点まわりの任意の回転は三つの変数で表すことができ，角速度ベクトルは3次元のベクトルで構成される．

2 相対的な角速度
Relative Angular Velocity

前節では，ロボットアームの運動表現には各関節でローカル座標系を設定すると見通しがよいことを述べた．ロボットアームの運動では関節が連なった構造をとるので，ローカル座標系間の相対的な運動の関係，特に，相対的な角速度の関係を明らかにしておく必要がある．図 **2·13** に示すように，座標系1の原点 O_1 まわりの慣性系に対する角速度を ${}^0\boldsymbol{\omega}_1$，座標系2の原点 O_2 まわりの座標系1に対する相対角速度を ${}^1\boldsymbol{\omega}_2$ とする．点 P は，座標系2上に固定した点で，この座標系と共に動く．このときの慣性系に対する座標系2の角速度 ${}^0\boldsymbol{\omega}_2$ を求めたい．

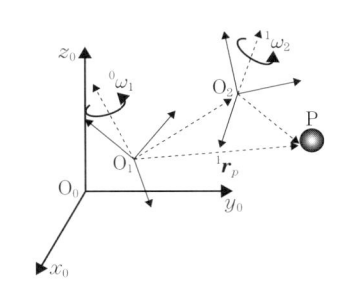

図 2·13　相対運動における角速度の関係

座標系1から見た点 P の速度は，式 (2·57) の関係から

> **Note**

$$\begin{aligned}{}^1\dot{\bm{r}}_p &= {}^1\dot{\bm{r}}_2 + {}^1R_2\frac{\mathrm{d}^{*2}\bm{r}_p}{\mathrm{d}t} + {}^1\bm{\omega}_2 \times ({}^1R_2{}^2\bm{r}_p) \\ &= {}^1\dot{\bm{r}}_2 + {}^1\bm{\omega}_2 \times ({}^1R_2{}^2\bm{r}_p)\end{aligned} \tag{2.72}$$

となる．ここで，座標系 2 上に点 P は固定されているので，$\mathrm{d}^{*2}\bm{r}_\mathrm{p}/\mathrm{d}t = \bm{0}$ となる．また，慣性系から見た点 P と点 O_2 の速度は

$$\begin{cases} {}^0\dot{\bm{r}}_p = {}^0R_1{}^1\dot{\bm{r}}_p + ({}^0\dot{\bm{r}}_1 + {}^0\bm{\omega}_1 \times ({}^0R_1{}^1\bm{r}_p)) \\ {}^0\dot{\bm{r}}_2 = {}^0R_1{}^1\dot{\bm{r}}_2 + ({}^0\dot{\bm{r}}_1 + {}^0\bm{\omega}_1 \times ({}^0R_1{}^1\bm{r}_2)) \end{cases} \tag{2.73}$$

と与えられるので，これらの差を取ると

$$\begin{aligned}{}^0\dot{\bm{r}}_p - {}^0\dot{\bm{r}}_2 &= {}^0R_1({}^1\dot{\bm{r}}_p - {}^1\dot{\bm{r}}_2) + {}^0\bm{\omega}_1 \times ({}^0R_1({}^1\bm{r}_p - {}^1\bm{r}_2)) \\ &= {}^0R_1({}^1\dot{\bm{r}}_p - {}^1\dot{\bm{r}}_2) + {}^0\bm{\omega}_1 \times ({}^0R_1{}^1R_2{}^2\bm{r}_p)\end{aligned} \tag{2.74}$$

となる．ここで，${}^1\bm{r}_p = {}^1\bm{r}_2 + {}^1R_2{}^2\bm{r}_p$ を用いた．さらに，この式に式(2.72)を代入すれば

$${}^0\dot{\bm{r}}_p - {}^0\dot{\bm{r}}_2 = ({}^0\bm{\omega}_1 + {}^0R_1{}^1\bm{\omega}_2) \times ({}^0R_1{}^1R_2{}^2\bm{r}_p) \tag{2.75}$$

を得る．一方，慣性系における点 O_2 の角速度が ${}^0\bm{\omega}_2$ で表されるとき，慣性系において点 P の速度は，

$${}^0\dot{\bm{r}}_p = {}^0\dot{\bm{r}}_2 + {}^0\bm{\omega}_2 \times ({}^0R_1{}^1R_2{}^2\bm{r}_p) \tag{2.76}$$

と書ける．それゆえ，式(2.76)と式(2.75)を比較すれば，

$${}^0\bm{\omega}_2 = {}^0\bm{\omega}_1 + {}^0R_1{}^1\bm{\omega}_2 \tag{2.77}$$

を得る．これより，ローカル座標系を階層的に設置した場合，それらの先にある点の慣性系に関する角速度は，隣り合うローカル座標系の相対的な角速度の累積和として求まることがわかる．

たとえば，図 **2·14** のロボットアームにおいて，慣性系を O_0 として各関節にローカル座標系 O_1, O_2, O_3 を設置する．各ローカル座標系において z 軸は関節軸と一致するようにとり，x 軸はリンクの方向に合わせる．リンクの長さは変わら

ないので，座標系 O_0 から見た点 O_1，座標系 O_1 から見た点 O_2，座標系 O_2 から見た点 O_3 の位置は不変となる．それゆえ，座標系 O_0 から見た点 O_1 の角速度は $^0\boldsymbol{\omega}_1 = (0, 0, \dot{q}_1)^\top$，座標系 O_1 から見た点 O_2 の角速度は $^1\boldsymbol{\omega}_2 = (0, 0, \dot{q}_2)^\top$，座標系 O_2 から見た点 O_3 の角速度は $^2\boldsymbol{\omega}_3 = (0, 0, \dot{q}_3)^\top$ となる．これより，式(2·77) の関係を用いれば，慣性系に対する各ローカル座標系の原点まわりの角速度はそれぞれ

$$\begin{cases} ^0\boldsymbol{\omega}_1 = (0, 0, \dot{q}_1)^\top \\ ^0\boldsymbol{\omega}_2 = {}^0\boldsymbol{\omega}_1 + {}^0R_1\,{}^1\boldsymbol{\omega}_2 = (0, 0, \dot{q}_1 + \dot{q}_2)^\top \\ ^0\boldsymbol{\omega}_3 = {}^0\boldsymbol{\omega}_1 + {}^0R_1\,{}^1\boldsymbol{\omega}_2 + {}^0R_1{}^1R_2\,{}^2\boldsymbol{\omega}_3 = (0, 0, \dot{q}_1 + \dot{q}_2 + \dot{q}_3)^\top \end{cases} \quad (2\cdot 78)$$

となる．

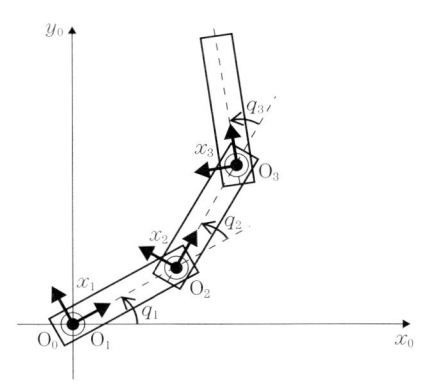

図 2·14　ロボットアームの各関節に設置したローカル座標系

理解度 Check

- ☐ 角運動量の定義式が書ける．
- ☐ 角運動量の変化とトルクの関係式が示せる．
- ☐ 外積により得られたベクトルの向きが示せる．
- ☐ 外積の成分の計算ができる．
- ☐ 外積を用いて，角運動量・トルクの定義式が書ける．
- ☐ 質点の回転運動において，角運動量の変化とトルクの関係から回転の運動方程式が導ける．
- ☐ 角運動量保存の法則を満たす運動がどのようなものかを説明できる．
- ☐ 回転の運動方程式と角速度の内積をとり，その両辺の時間積分から，回転運動における仕事とエネルギーの関係が導ける．
- ☐ 加速度座標系における運動方程式が導ける．
- ☐ 回転座標系も加速度座標系の一種であることを理解している．
- ☐ 慣性系から見た回転座標系上の点の速度の式(2.57)が導ける．
- ☐ 瞬時回転軸を理解している．

演習問題

1 図 2.3 において，質量 m の質点が原点を中心に r_1 だけ離れたところを角速度 ω_0 で等速円運動している．以下の問いに答えよ．
　1. 質点の原点まわりの角運動量を求めよ．
　2. 質点の運動エネルギーを求めよ．
　3. 質点を回転中心から $r_2 = 2r_1$ だけ離れたところへ変えて回転運動をおこなう．このときの質点の運動エネルギーは 2. の結果に比べて何倍になるか．

2 図 2.15 に示すように，重力の影響下で，長さ r の軽い糸の一端を原点 O に固定し，他端を質量 m の質点に結びつける．質点に最下点で初速度 $\boldsymbol{v}_0 = (v_0, 0)^\top$ を加えたとき，以下の問題に答えよ．x 軸からの糸の角度を θ，そのときの張力を T，重力加速度定数を g，質点の位置を $\boldsymbol{r}(t) = (x, y)^\top = (r\cos\theta, r\sin\theta)^\top$ とする．
　1. 質点の x 軸，y 軸での運動方程式を求めよ．
　2. 1. の運動方程式から初期時刻と時刻 t のエネルギーの関係を導け．
　3. 1. の運動方程式から糸の張力 T を求めよ．ただし，$\dot{\theta}$ を含まない形とすること．
　4. 運動中に糸がたるまないための v_0 の条件を示せ．
　5. 質点の原点まわりの角運動量を求めよ．
　6. 角運動量の変化と外トルクの関係から，回転の運動方程式を導け．
　7. 回転の運動方程式から初期時刻と時刻 t のエネルギーの関係を求め，2. の結果と一致することを確かめよ．

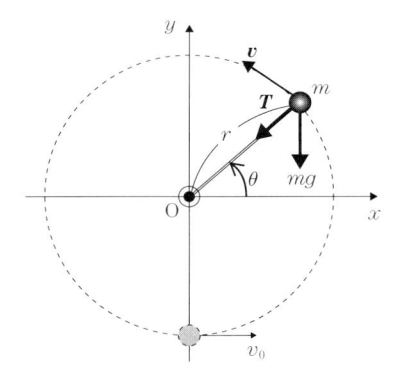

図 2·15　初速度 v_0 で打ち出した糸に繋がれた質点の円運動

3　図 2·7 において，質点の運動方程式は式 (2·33) で表せた．**図 2·16** のように，慣性系と原点を共有し，慣性系に対して原点まわりに回転するローカル座標系 $O_1 - x_1 y_1$ を設定する．このローカル座標系は，x 軸が常に質点に向いているものとする．このローカル座標系から見た質点の運動方程式を求めよ．

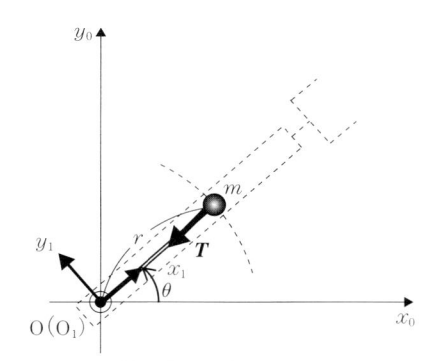

図 2·16　x_1 軸が常に質点を指すローカル座標系

3章 剛体運動の力学

Dynamics of Rigid-Body Motion

学習のPoint

- 剛体は形状を有し，2点間の距離が変わらない物体である．
- 質点と異なり，剛体の運動状態を示すには位置に加えて姿勢も考慮しなくてはならない．
- 剛体の質量中心に着目すると，運動方程式は質量中心の並進運動と質量中心まわりの回転運動により扱える．
- ロボットや機械系を扱う際に必要不可欠な剛体の力学的特徴について，質量中心との関係から理解することを学習の目的とする．

● 3章 剛体運動の力学

3.1 剛体：距離が変わらない質点集合

A Rigid body: A Group of Particles Fixed in Distance

1 剛体とは
What is a Rigid Body?

　実際の物体は，これまで扱ってきた質点とは異なり「形状」をもつ．形状をもつとはどういうことかを考えよう．ロボットアームはアルミ材で構成されることが多いが，微視的に見れば，それはアルミニウム原子の集まりである．原子一つひとつが質点であると考えると，ロボットアームは質点の集まりといえる．この質点の集まりを**質点系**という．質点どうしは互いに力を及ぼしあっているが，全体的には一定の距離を保ってつりあい状態（平衡状態）にある[†1]．つまり，「形状」は複数の質点とそれらの距離の関係を考慮することから生まれる．

　アルミ材であれば，多少の外力が加わっても目に見えて変形しないのに対し，粘土は少しの力でも大きく変形する．変形は，物体上の2点間の距離が変化する現象である．そこで，変形の起こらない，つまり，2点間の距離が変わらない質点系を理想的に考え，これを**剛体**と呼ぶ[†2]．

2 剛体の運動量
Momentum of a Rigid Body

　図 3·1 に示すように，剛体を N 個の質点から構成されるとし，それぞれの質点に番号をつけておく．ある質点 i に対して，質点 i の運動量を $\bm{p}_i$，剛体外から質点 i が受ける力を $\bm{F}_{ie}$，質点 j から質点 i が受ける力を $\bm{F}_{ij}$ と表す．このとき，質点 i の運動方程式は

$$\frac{d\bm{p}_i}{dt} = \bm{F}_{ie} + \bm{F}_{i1} + \bm{F}_{i2} + \cdots + \bm{F}_{iN} \tag{3·1}$$

となる．右辺第2項以降は，自分自身への力の作用はないこと（$\bm{F}_{ii} = \bm{0}$）を考慮すれば

$$\sum_{j(\neq i)}^{N} \bm{F}_{ij} = \bm{F}_{i1} + \bm{F}_{i2} + \cdots + \bm{F}_{iN} \tag{3·2}$$

3.1 剛体：距離が変わらない質点集合

と書けるので，式(3·2)を式(3·1)へ適用すれば，剛体の各質点の運動方程式は

$$\frac{d\bm{p}_i}{dt} = \bm{F}_{ie} + \sum_{j(\neq i)}^{N} \bm{F}_{ij} \quad (i = 1, 2, \ldots, N) \tag{3·3}$$

となる．

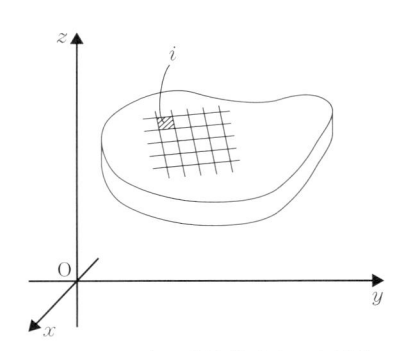

図3·1　N 個の質点集合とした剛体

いま，剛体内の質点の全運動量

$$\bm{P} = \sum_{i=1}^{N} \bm{p}_i \tag{3·4}$$

に対する時間変化を考えると，式(3·3)より

$$\frac{d\bm{P}}{dt} = \sum_{i=1}^{N} \bm{F}_{ie} + \sum_{i=1}^{N} \sum_{j(\neq i)}^{N} \bm{F}_{ij} \tag{3·5}$$

となる．この式の右辺第2項は質点間の力の作用を表しており，作用・反作用の関係からそれらの和はゼロとなるので，結果として

$$\frac{d\bm{P}}{dt} = \bm{F}_e \tag{3·6}$$

Note

†1　運動方程式によれば，全体としてつりあっていなかったら，物体は勝手に動き出すことになる．
†2　アルミ材などは過度な力がかからない限り目に見えて変形しないので，近似的に剛体とみなせる．しかし，僅かな変形（ひずみ）は生じるため，厳密には剛体ではない．

を得る．ここで，右辺は剛体に作用する外力の総和（$\bm{F}_e = \sum_{i=1}^{N} \bm{F}_{ie}$）を表す．式(3·6)は「剛体の運動量の変化は剛体外からの外力より及ぼされる」ことを示しており，剛体内の質点間の作用力（これを**内力**という）は剛体全体の運動量の変化に影響しないことがわかる．つまり，外力がないときには，剛体の全運動量は保存される．ここでは，N 個の質点について考えたが，剛体をもっと細かく分割し $N \to \infty$ としても式(3·6)は成り立つ．

3 剛体の角運動量
Angular Momentum of a Rigid Body

剛体の原点まわりの角運動量について，先ほどと同様に考えよう．原点から質点 i への位置ベクトルを $\bm{r}_i$ とすれば，剛体の全角運動量は

$$\bm{L} = \sum_{i=1}^{N} \bm{r}_i \times \bm{p}_i \tag{3·7}$$

となる．式(3·3)を用いて，式(3·7)の時間微分を考えると

$$\frac{d\bm{L}}{dt} = \sum_{i=1}^{N} \bm{r}_i \times \frac{d\bm{p}_i}{dt} = \sum_{i=1}^{N} \bm{r}_i \times \bm{F}_{ie} + \sum_{i=1}^{N} \sum_{j(\neq i)}^{N} \bm{r}_i \times \bm{F}_{ij} \tag{3·8}$$

を得る．ここで，$\dot{\bm{r}}_i \times \bm{p}_i = \bm{0}$ を用いた．右辺の最終項は

$$\sum_{i=1}^{N} \sum_{j(\neq i)}^{N} \bm{r}_i \times \bm{F}_{ij} = \frac{1}{2} \sum_{i=1}^{N} \sum_{j(\neq i)}^{N} (\bm{r}_i \times \bm{F}_{ij} + \bm{r}_j \times \bm{F}_{ji})$$
$$= \frac{1}{2} \sum_{i=1}^{N} \sum_{j(\neq i)}^{N} (\bm{r}_i - \bm{r}_j) \times \bm{F}_{ij} \tag{3·9}$$

と変形できる．式(3·9)の左辺は，$\bm{r}_j \times \bm{F}_{ji}$ と添字を入れ替えてその総和を取ったものと等しい．これらの和を $1/2$ 倍したものは式(3·9)の左辺と等しく，さらに，$\bm{F}_{ij}$ と $\bm{F}_{ji}$ が作用・反作用の関係にあることから，$\bm{F}_{ij} = -\bm{F}_{ji}$ である．これらの関係から式(3·9)は得られる．また，式(3·9)において，ベクトル $(\bm{r}_i - \bm{r}_j)$ とベクトル $\bm{F}_{ij}$ は平行なので

$$(\bm{r}_i - \bm{r}_j) \times \bm{F}_{ij} = \bm{0} \tag{3·10}$$

となる．それゆえ，式(3·9)と式(3·10)を式(3·8)に適用し，剛体に作用する外トルクの和を $\boldsymbol{N}_e = \sum_{i=1}^{N} \boldsymbol{r}_i \times \boldsymbol{F}_{ie}$ とすると

$$\frac{\mathrm{d}\boldsymbol{L}}{\mathrm{d}t} = \boldsymbol{N}_e \tag{3·11}$$

を得る．式(3·11)から，剛体の全角運動量は内力の影響を受けず，外部からのトルク作用のみにより変化する．

以上の議論，特に式(3·6)と式(3·11)の関係から，剛体の運動を考える際には剛体に作用する外力（と外トルク）のみを考慮すればよい．

3.2 固定軸まわりの剛体の回転運動
Rotational Motion about a Fixed Axis of a Rigid Body

図 3·2 に示す xy 平面内を動く剛体の運動を考えよう．質点の運動では，平面内の位置 (x, y) により運動の状態を示せた．剛体でも同様に，平面内の位置 (x, y) を決められる．しかし，剛体は形状を持つので，剛体上の 1 点の位置を決めたとしても，その点まわりの回転 θ が許される．そのため，剛体の運動状態を表すに

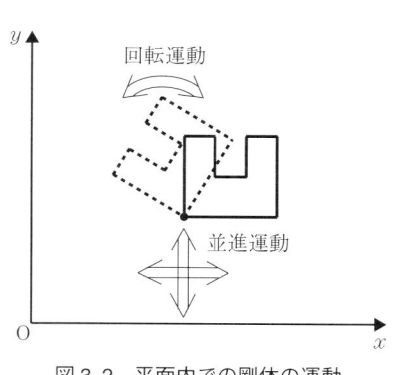

図 3·2　平面内での剛体の運動

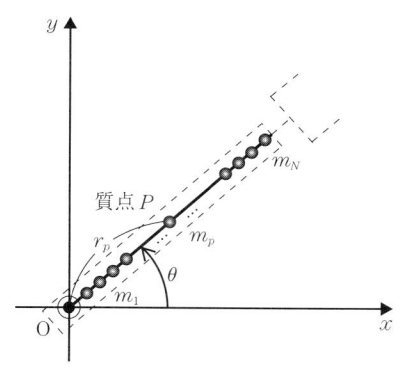

図 3·3　剛体と見立てた 1 関節ロボットアーム

Note

は，平面内での位置に加えて姿勢も考慮する必要がある．一般に，平面内の剛体運動では三つの運動方程式よりその運動状態を示すことができ，それらは式(3·6)，式(3·11)から導出される[†3]．

2章ではロボットアームを一つの質点に見立てて，その運動を見た．ここでは，図 **3·3** に示すように，ロボットアームを一つの剛体（棒）と考え，その運動方程式を導こう．ロボットアームは，一端を原点に固定された z 軸を回転軸とする回転関節に接続され，この軸に対して回転運動する．ロボットアームの動きは，1点が原点に固定されているので全体の並進移動はできず，原点に対する回転運動のみが許される．そのため，一つの運動方程式でこの剛体の運動状態を示せる．関節にはサーボモータが配置され，ロボットアームにトルク τ を加える．座標系 $\mathrm{O}-xy$ は慣性系とする．

ロボットアームの x 軸からの角度を θ とすれば，角速度ベクトルは $\boldsymbol{\omega}=(0,0,\dot{\theta})^\top$ となる．また，剛体は N 個の質点からなるものとして，剛体上の質点 P の質量を m_p，位置ベクトルを $\boldsymbol{r}_p$ とする．剛体は2点間の距離が変わらないので，ロボットアーム上の回転軸から質点 P までの距離は運動中変わらず，これを r_p（定数）とすれば，質点 P の位置ベクトルは $\boldsymbol{r}_p=(r_p\cos\theta, r_p\sin\theta, 0)^\top$ と表せる．いま，ロボットアームの全角運動量は，式(3·7)より

$$\boldsymbol{L}=\sum_{p=1}^{N}\boldsymbol{r}_p\times(m_p\dot{\boldsymbol{r}}_p) \tag{3·12}$$

と表せる．角速度 $\boldsymbol{\omega}$ の回転運動では $\dot{\boldsymbol{r}}_p=\boldsymbol{\omega}\times\boldsymbol{r}_p$ であるので

$$\begin{aligned}\boldsymbol{r}_p\times(m_p\dot{\boldsymbol{r}}_p)&=m_p\boldsymbol{r}_p\times(\boldsymbol{\omega}\times\boldsymbol{r}_p)\\&=m_p\left[(\boldsymbol{r}_p^\top\boldsymbol{r}_p)\boldsymbol{\omega}-(\boldsymbol{r}_p^\top\boldsymbol{\omega})\boldsymbol{r}_p\right]\\&=m_pr_p{}^2\boldsymbol{\omega}\end{aligned} \tag{3·13}$$

と変形でき，これを式(3·12)に代入すれば，ロボットアームの全角運動量は

$$\boldsymbol{L}=\sum_{p=1}^{N}m_pr_p{}^2\boldsymbol{\omega} \tag{3·14}$$

となる．

式(3·11)によれば,剛体の全角運動量の変化は外トルクだけを考えれば良かったので,回転軸まわりの剛体の回転の運動方程式は

$$\sum_{p=1}^{N} m_p r_p{}^2 \dot{\boldsymbol{\omega}} = \boldsymbol{N} \tag{3·15}$$

と表せる.ここで,ロボットアームに加えられる外トルクはサーボモータの駆動トルク τ だけなので,$\boldsymbol{N} = (0, 0, \tau)^\top$ である.式(3·15)と $\boldsymbol{e}_z = (0, 0, 1)^\top$ の内積をとり,z 軸まわりの関係を抜き出せば,

$$\left(\sum_{p=1}^{N} m_p r_p{}^2 \right) \ddot{\theta} = \tau \tag{3·16}$$

を得る.これを質点の回転運動と見立てた場合の運動方程式(2·41)と見比べると,剛体の場合は形状を加味し,左辺が質点の和となっていることに注目して欲しい.式(3·16)において,剛体の質量と回転軸から質点までの距離によって決まる量

$$I_z = \sum_{p=1}^{N} m_p r_p{}^2 \tag{3·17}$$

を固定回転関節軸まわりの剛体の**慣性モーメント**という.これは並進運動の運動方程式における慣性に対応するもので,回転系であることから「モーメント」が付いている.慣性モーメントは「回転運動の変化のしにくさ」を表す量で,式(3·17)から回転軸から遠く,質量が大きいほど慣性モーメントは大きくなる.これを用いれば,ロボットアームの関節軸まわりの運動方程式は,

$$I_z \ddot{\theta} = \tau \tag{3·18}$$

と書ける.

Note

†3 一般に,3次元空間内での剛体運動は六つの運動方程式により,その運動状態を表すことができる.

3.3 剛体の慣性モーメント

Moment of Inertia of a Rigid Body

1 密度均一な剛体の慣性モーメントと全質量の関係
A Relationship of Moment of Inertia of a Rigid Body with Uniform Mass Density

剛体の慣性モーメントは式(3·17)で定義したが，実際の物体は有限個の質点の集まりではなく，質量が連続的に分布している．また，物体の全質量はわかるが，慣性モーメントがわからない場合も多い．ここでは，図3·3の場合を例に，密度が均一な剛体の慣性モーメントを導出し，全質量との関係を考える．

図3·3において，ロボットアームを線密度 σ，全長 l の棒とする．アームを無数に細かく分割すれば $(N \to \infty)$，その微小長さ $\mathrm{d}r_p$ に対応する質量は $\sigma \mathrm{d}r_p$ となる．それゆえ，ロボットアームの全質量は

$$M = \int_0^l \sigma \, \mathrm{d}r_p = \sigma l \tag{3·19}$$

となる．このことと式(3·17)から，慣性モーメントは

$$I_z = \int_0^l \sigma r_p{}^2 \, \mathrm{d}r_p = \frac{1}{3}\sigma l^3 \tag{3·20}$$

と求まる．これに式(3·19)を適用すれば

$$I_z = \frac{1}{3}Ml^2 \tag{3·21}$$

となり，ロボットアームが**密度均一な棒の場合**には，式(3·21)より全質量と棒の全長から慣性モーメントが求まる．式(3·21)は形状情報を利用しているため，異なる形状（たとえば，円柱や直方体）の場合には適用できない．そのような場合でも，「密度が均一である」との仮定の下で同様の手順を踏めば，物体の全質量・形状情報と慣性モーメントの関係を求められる．

物体の密度が均一でない場合は式(3·21)のような関係は得られないが，物体の分割数を多くして式(3·17)を用いれば，近似的な慣性モーメントが求められる[†4]．

2 平行軸の定理

Parallel Axis Theorem

ロボットの設計時には強度などの理由により，図 **3·4** のように，ロボットアームの回転軸の位置をずらしたい場合が出てくる．慣性モーメントは式 (3·17) の定義より回転軸の場所によって決まる量なので，物体に対して回転軸の位置を変更する際には慣性モーメントが変わる．つまり，式 (3·21) は回転軸が図 3·3 のときのみに成り立つ．回転軸の位置変更の際は式 (3·20) を計算し直せば良いが，少々手間がかかる．幸い，慣性モーメントは回転軸の平行移動に対して便利な性質をもっている．

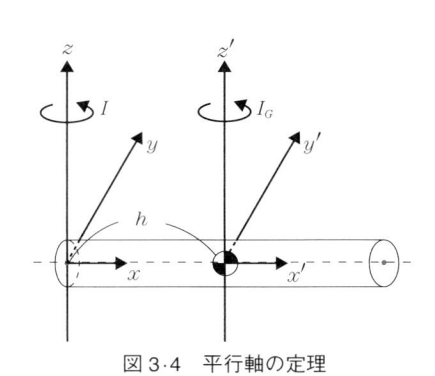

図 3·4 平行軸の定理

剛体内の 2 点間の距離は不変であるので，質量の分布が時間により変化することはなく，運動中，剛体内の相対的な質量と位置の関係は変わらない．そこで

$$\boldsymbol{r}_G = \frac{\sum_{p=1}^{N} m_p \boldsymbol{r}_p}{\sum_{p=1}^{N} m_p} \tag{3·22}$$

を定義する．式 (3·22) は剛体内の各質点の位置を質量で重み付けして全質量で割っ

Note

†4 実際にロボットを設計する際には，CAD の機能を利用することで複雑な形状の慣性モーメントを求めることが可能である．

た，剛体の平均的な質量位置を表しており，これを**質量中心**または**重心**という．

いま，図3·3のロボットアームにおいて，回転軸をアームの一端（z軸）からアームの質量中心に平行移動し，これをz'軸とする．z'軸まわりのロボットアームの慣性モーメントは，式(3·14)と式(3·17)より

$$I_G = \sum_{p=1}^{N} m_p {\boldsymbol{r}'_p}^\top \boldsymbol{r}'_p \tag{3·23}$$

となる．ここに，$\boldsymbol{r}'_p$ は座標系 $\mathrm{O}' - x'y'z'$ から見た剛体内の質点 P の位置ベクトルである．いま，座標系 O から見た点 O' を $\boldsymbol{r}_0$ とすれば，位置ベクトルには

$$\boldsymbol{r}_p = \boldsymbol{r}_0 + \boldsymbol{r}'_p \tag{3·24}$$

の関係があるので，これを式(3·14)を踏まえて式(3·17)に代入すれば

$$\begin{aligned}I &= \sum_{p=1}^{N} m_p (\boldsymbol{r}_0 + \boldsymbol{r}'_p)^\top (\boldsymbol{r}_0 + \boldsymbol{r}'_p) \\ &= \sum_{p=1}^{N} m_p \boldsymbol{r}_0^\top \boldsymbol{r}_0 + 2\boldsymbol{r}_0^\top \left(\sum_{p=1}^{N} m_p \boldsymbol{r}'_p\right) + \sum_{p=1}^{N} m_p {\boldsymbol{r}'_p}^\top \boldsymbol{r}'_p \end{aligned} \tag{3·25}$$

を得る．ここで，質量中心の定義から $\sum_{p=1}^{N} m_p \boldsymbol{r}'_p = \boldsymbol{0}$ であること，$M = \sum_{p=1}^{N} m_p$ を用い，また，z軸とz'軸の距離をhとすれば $\boldsymbol{r}_0^\top \boldsymbol{r}_0 = h^2$ となり，関係式

$$I = I_G + Mh^2 \tag{3·26}$$

を得る．これを**平行軸の定理**という．質量中心を通る軸まわりの慣性モーメント I_G をおさえておけば，質量中心から h だけ離れた平行な軸まわりの慣性モーメントはこの関係式から求められる．また，この関係から慣性モーメントは質量中心の軸まわりにおいて最小であり，そこから離れるにつれて大きくなることから質量中心は特別な場所といえる．

線密度 σ，全長 l の棒の場合，質量中心まわりの慣性モーメントは

$$I_G = 2\int_0^{l/2} \sigma {r_p}^2 \, dr_p = \frac{1}{12}\sigma l^3 = \frac{1}{12}Ml^2 \tag{3·27}$$

となる[†5].回転軸を棒の他端とした場合,式(3·26)の平行軸の定理を用いてこの軸まわりの慣性モーメントを求めると,平行移動の距離は $h=l/2$ であるから

$$I = I_G + M\left(\frac{l}{2}\right)^2 = \frac{1}{3}Ml^2 \tag{3·28}$$

となり,これは式(3·21)の結果と等しいことが確認できる.

平行軸の定理を用いて,図3.3の場合を再考しよう.いま,慣性系の z 軸に平行でロボットアームの質量中心を通る軸を z' 軸とし,z' 軸まわりのアームの慣性モーメントを I_G とする.z 軸と z' 軸の軸間距離を l_g で表せば,式(3·18)は

$$(I_G + M{l_g}^2)\ddot{\theta} = \tau \tag{3·29}$$

とも書ける.ここで,I_G は質量中心軸まわりの慣性モーメントであるが,式(3·29)自体は座標系 $O-xyz$ の原点(z軸)まわりのトルクの式であることに注意して欲しい.

3 慣性テンソル
An Inertia Tensor

これまで,慣性モーメントは運動中に変わらない場合を見てきたが,図 **3·5** に示すように φ が時間と共に変化するとき,z 軸まわりの慣性モーメントは時間と共に変わる.このような状況は,関節が複数個あるロボットアームの1リンクに着目した際によく見られる.そこで,一つの剛体が角速度 $\boldsymbol{\omega}=(\omega_x,\omega_y,\omega_z)^\top$ で回転しているときの慣性系 $O-xyz$ の原点まわりの剛体の全角運動量を考えよう.

剛体上の2点間の距離は不変なので,剛体上の任意の点の角速度は $\boldsymbol{\omega}$ となる.原点まわりの剛体の全角運動量は式(3·12)で表せ,$\dot{\boldsymbol{r}}_p = \boldsymbol{\omega}\times\boldsymbol{r}_p$ であることを用いれば

$$\boldsymbol{L} = \sum_{p=1}^N \left(m_p(\boldsymbol{r}_p^\top \boldsymbol{r}_p)\boldsymbol{\omega} - m_p(\boldsymbol{r}_p^\top \boldsymbol{\omega})\boldsymbol{r}_p\right) \tag{3·30}$$

となる[†6].剛体上の質点 P に関して $\boldsymbol{r}_p = (x_p,y_p,z_p)^\top$,$|\boldsymbol{r}_p|=r_p$ とすれば,式

Note

[†5] 長さ $l/2$ の棒が2本あると考えればよい.
[†6] 図3·3の場合では,固定軸まわりの運動のため,式(3·30)の右辺第2項は $\boldsymbol{r}_p$ と $\boldsymbol{\omega}$ が直交するので消せたが,この場合は消してはいけない.

● 3 章　剛体運動の力学

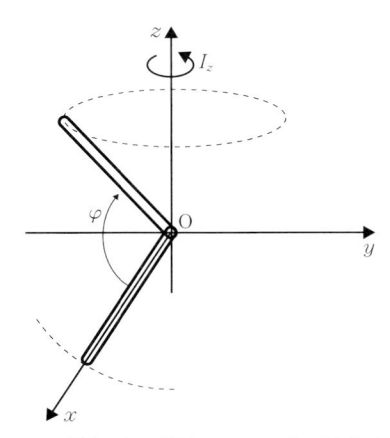

図 3·5　時刻により慣性モーメントが変化する例

(3·30)の全角運動量は，成分で

$$L = \begin{pmatrix} \sum_{p=1}^{N} \left[m_p r_p^{\,2} \omega_x - m_p(x_p\omega_x + y_p\omega_y + z_p\omega_z)x_p \right] \\ \sum_{p=1}^{N} \left[m_p r_p^{\,2} \omega_y - m_p(x_p\omega_x + y_p\omega_y + z_p\omega_z)y_p \right] \\ \sum_{p=1}^{N} \left[m_p r_p^{\,2} \omega_z - m_p(x_p\omega_x + y_p\omega_y + z_p\omega_z)z_p \right] \end{pmatrix} \quad (3\cdot31)$$

と書ける．式(3·31)の右辺はどちらの項も質点 P の質量・位置に関する変数と角速度から構成されていることに注目し，これらを分離してみると

$$\begin{aligned}
L &= \left[\begin{pmatrix} \sum m_p r_p^{\,2} & 0 & 0 \\ 0 & \sum m_p r_p^{\,2} & 0 \\ 0 & 0 & \sum m_p r_p^{\,2} \end{pmatrix} \right. \\
&\quad \left. - \begin{pmatrix} \sum m_p x_p^{\,2} & \sum m_p x_p y_p & \sum m_p x_p z_p \\ \sum m_p y_p x_p & \sum m_p y_p^{\,2} & \sum m_p y_p z_p \\ \sum m_p z_p x_p & \sum m_p z_p y_p & \sum m_p z_p^{\,2} \end{pmatrix} \right] \begin{pmatrix} \omega_x \\ \omega_y \\ \omega_z \end{pmatrix} \\
&= \begin{pmatrix} \sum m_p(y_p^{\,2}+z_p^{\,2}) & -\sum m_p x_p y_p & -\sum m_p x_p z_p \\ -\sum m_p y_p x_p & \sum m_p(x_p^{\,2}+z_p^{\,2}) & -\sum m_p y_p z_p \\ -\sum m_p z_p x_p & -\sum m_p z_p y_p & \sum m_p(x_p^{\,2}+y_p^{\,2}) \end{pmatrix} \begin{pmatrix} \omega_x \\ \omega_y \\ \omega_z \end{pmatrix}
\end{aligned}$$

$$= I\boldsymbol{\omega} \tag{3.32}$$

となり，I を慣性テンソルという[†7]．慣性テンソルの各成分を

$$I = \begin{pmatrix} I_{xx} & I_{xy} & I_{xz} \\ I_{yx} & I_{yy} & I_{yz} \\ I_{zx} & I_{zy} & I_{zz} \end{pmatrix} \tag{3.33}$$

と表すとき，I_{xx}, I_{yy}, I_{zz} を慣性モーメント，$I_{xy}, I_{xz}, I_{yx}, I_{yz}, I_{zx}, I_{zy}$ を慣性乗積と呼ぶ．また，式(3.32)と式(3.33)を見比べれば，$I_{xy} = I_{yx}$, $I_{xz} = I_{zx}$, $I_{yz} = I_{zy}$ であることから，慣性テンソルは六つの変数からなることがわかる．

式(3.32)より，慣性テンソルは剛体が動けば変化するため，時間とともに変化する．図3.3においてこれを確認すると，質点Pの位置は $\boldsymbol{r}_p = (r_p \cos\theta(t), r_p \sin\theta(t), 0)^\top$ で表されたので，これを式(3.32)に代入すれば，慣性テンソルは

$$I = \begin{pmatrix} \sum m_p r_p^2 s_\theta^2(t) & -\sum m_p r_p^2 s_\theta(t) c_\theta(t) & 0 \\ -\sum m_p r_p^2 s_\theta(t) c_\theta(t) & \sum m_p r_p^2 c_\theta^2(t) & 0 \\ 0 & 0 & \sum m_p r_p^2 \end{pmatrix} \tag{3.34}$$

となり，慣性テンソルが時間とともに変化することがわかる[†8]．ここで，$c_\theta(t) = \cos\theta(t)$，$s_\theta(t) = \sin\theta(t)$ と置いた．剛体の角速度が $\boldsymbol{\omega} = (0, 0, \dot\theta)^\top$ であることを式(3.32)に適用すれば，剛体の全角運動量は

$$\boldsymbol{L} = (0, 0, I_{zz}\dot\theta)^\top \tag{3.35}$$

となる．式(3.35)では $I_{zz} = \sum m_p r_p^2$ が定数となることを踏まえ，式(3.11)を適用して $\boldsymbol{e}_z = (0, 0, 1)^\top$ との内積をとれば

$$I_{zz}\ddot\theta = \tau \tag{3.36}$$

となり，結果的に式(3.18)を得る．図3.3では剛体の全角運動量が時間関数には

Note

[†7] 慣性テンソルと慣性モーメント・慣性乗積の区別が難しいので，本章では慣性モーメントと慣性乗積を示す際には座標軸 x, y, z を添字に付けることにする．

[†8] 剛体の厚みは十分に小さい（あるいは無視できる）ものとした．この例では，慣性系に対して剛体の姿勢が変わるとき，慣性テンソルが変化することを示している．

ならないため容易に解くことができたが，一般的な形状の場合，慣性テンソルは時間変化するため取扱いが厄介なことは容易に想像できる．

3.4 剛体の運動方程式

Equations of Motion of a Rigid Body

1 質量中心まわりの運動方程式

Equations of Motion about a Center of Mass

質量中心から剛体の運動を見ると都合が良いことは先ほど述べた．図 **3・6** に示す 3 次元空間内の一つの剛体の運動について，質量中心に着目して運動方程式を導こう．剛体が N 個の質点から構成されるとして質点 P の質量を m_p とし，剛体の全質量を M，慣性系 $\mathrm{O}-xy$ における質量中心を $\boldsymbol{r}_G$ とするとき，式(3·22)の質量中心の定義を参照すれば，剛体の全運動量は

$$\boldsymbol{P} = \sum_{p=1}^{N} m_p \dot{\boldsymbol{r}}_p = M \frac{\mathrm{d}}{\mathrm{d}t}\left(\frac{\sum_{p=1}^{N} m_p \boldsymbol{r}_p}{\sum_{p=1}^{N} m_p} \right) = M \dot{\boldsymbol{r}}_G \tag{3·37}$$

と表せる．式(3·37)を時間微分すれば，式(3·6)より剛体の運動量の変化と外力の関係

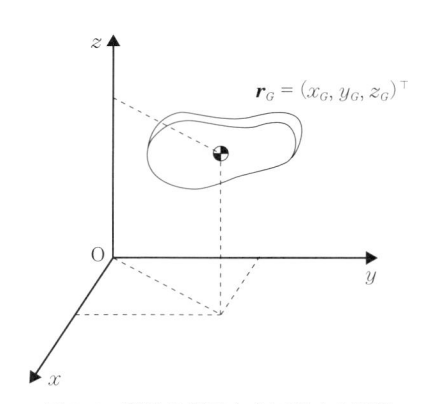

図 3·6 剛体の質量中心に関する運動

$$M\ddot{\boldsymbol{r}}_G = \boldsymbol{F}_e \tag{3.38}$$

を得る．式(3.38)より，剛体の並進運動は全質量と質量中心により代表できる．

また，剛体の慣性系の原点まわりの全角運動量は，質量中心から質点 P へのベクトルを $\boldsymbol{r}'_p$ とすれば $\boldsymbol{r}_p = \boldsymbol{r}_G + \boldsymbol{r}'_p$ なので

$$\boldsymbol{L} = \sum_{p=1}^{N} \boldsymbol{r}_p \times m_p \dot{\boldsymbol{r}}_p = \sum_{p=1}^{N} (\boldsymbol{r}_G + \boldsymbol{r}'_p) \times m_p (\dot{\boldsymbol{r}}_G + \dot{\boldsymbol{r}}'_p) \tag{3.39}$$

となる．質量中心の定義から $\sum_{p=1}^{N} m_p \boldsymbol{r}'_p = \boldsymbol{0}$，それを時間微分した関係 $\sum_{p=1}^{N} m_p \dot{\boldsymbol{r}}'_p = \boldsymbol{0}$ が成り立つので，これらを式(3.39)に適用すれば

$$\boldsymbol{L} = \boldsymbol{r}_G \times M \dot{\boldsymbol{r}}_G + \sum_{p=1}^{N} \boldsymbol{r}'_p \times m_p \dot{\boldsymbol{r}}'_p = \boldsymbol{L}_G + \boldsymbol{L}' \tag{3.40}$$

となる．式(3.40)は剛体の全角運動量は，原点まわりの質量中心の角運動量 $\boldsymbol{L}_G$ と質量中心まわりの各質点の角運動量 $\boldsymbol{L}'$ の和として表せることを示している．式(3.40)を時間微分すれば，式(3.11)の剛体の角運動量の変化と外トルクの関係

$$\boldsymbol{r}_G \times M \ddot{\boldsymbol{r}}_G + \sum_{p=1}^{N} \boldsymbol{r}'_p \times m_p \ddot{\boldsymbol{r}}'_p = \sum_{p=1}^{N} (\boldsymbol{r}_G + \boldsymbol{r}'_p) \times \boldsymbol{F}_{pe} \tag{3.41}$$

を得る．ここで，$\boldsymbol{F}_{pe}$ は質点 P に作用する外力である．式(3.41)の右辺は $\sum_{p=1}^{N} \boldsymbol{F}_{pe} = \boldsymbol{F}_e$ であり，また，式(3.38)の関係を式(3.41)に適用すれば

$$\sum_{p=1}^{N} \boldsymbol{r}'_p \times m_p \ddot{\boldsymbol{r}}'_p = \sum_{p=1}^{N} \boldsymbol{r}'_p \times \boldsymbol{F}_{pe} \tag{3.42}$$

を得る．ここで，$\boldsymbol{N}'_e = \sum_{p=1}^{N} \boldsymbol{r}'_p \times \boldsymbol{F}_{pe}$ とすれば

$$\frac{\mathrm{d}\boldsymbol{L}'}{\mathrm{d}t} = \boldsymbol{N}'_e \tag{3.43}$$

Note

と表すことができ，これは質量中心まわりの角運動量の変化と外トルクの関係となっている．

以上をまとめると，剛体の運動方程式は質量中心で

$$\begin{cases} M\ddot{\boldsymbol{r}}_G = \boldsymbol{F}_e \\ \dot{\boldsymbol{L}}' = \boldsymbol{N}'_e \end{cases} \tag{3.44}$$

と書ける．ここに，慣性系から見た質量中心まわりの慣性テンソルを I_G，質量中心の角速度を $\boldsymbol{\omega}$ とすれば，質量中心まわりの角運動量は以下の関係で表せる．

$$\boldsymbol{L}' = I_G \boldsymbol{\omega} \tag{3.45}$$

2 連結した剛体の運動方程式
Equations of Motion of Serially-Connected Rigid Bodies

図 3.7 に示すように，二つの剛体リンクが関節によって繋がれ，平面内を運動している．このときの剛体の運動方程式を考えよう[†9]．それぞれの剛体に記号を付け，剛体の質量を m_a，m_b，質量中心を $\boldsymbol{r}_{ga}$，$\boldsymbol{r}_{gb}$，質量中心まわりの角運動量を $\boldsymbol{L}'_a$，$\boldsymbol{L}'_b$，それぞれの剛体に作用する外力を $\boldsymbol{F}_{ea}$，$\boldsymbol{F}_{eb}$，外トルクを $\boldsymbol{N}'_{ea}$，$\boldsymbol{N}'_{eb}$ とする．式(3.44)より，剛体それぞれの質量中心での運動方程式は

$$\begin{cases} m_i\ddot{\boldsymbol{r}}_{gi} = \boldsymbol{F}_{ei} \\ \dot{\boldsymbol{L}}'_i = \boldsymbol{N}'_{ei} \end{cases} \quad (i = a, b) \tag{3.46}$$

となる．外力はない場合を考えると，剛体には図 3.8 に示す力が相互に作用している．これを考慮すれば

$$\begin{cases} m_a\ddot{\boldsymbol{r}}_{ga} = \boldsymbol{f}_a - \boldsymbol{f}_b \\ m_b\ddot{\boldsymbol{r}}_{gb} = \boldsymbol{f}_b \\ \dot{\boldsymbol{L}}'_a = \boldsymbol{n}_a - \boldsymbol{n}_b - \hat{\boldsymbol{s}}_a \times \boldsymbol{f}_a + (\hat{\boldsymbol{s}}_a - \hat{\boldsymbol{p}}_a) \times \boldsymbol{f}_b \\ \dot{\boldsymbol{L}}'_b = \boldsymbol{n}_b - \hat{\boldsymbol{s}}_b \times \boldsymbol{f}_b \end{cases} \tag{3.47}$$

と表せる．ここで，$\boldsymbol{f}_i$，$\boldsymbol{n}_i$ はリンク i の根元で受ける力とトルク，$\hat{\boldsymbol{s}}_i$ はリンク i

の根元から質量中心へのベクトル，$\hat{\boldsymbol{p}}_a$ は関節 a から b へのベクトルである．

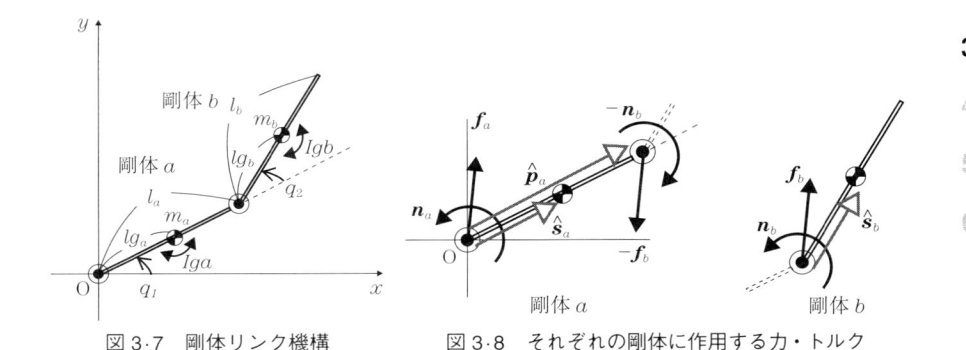

図3·7 剛体リンク機構

図3·8 それぞれの剛体に作用する力・トルク

　この機構の運動方程式は式(3·47)で示されるが，この式から関節の動きは見えづらい．そこで，図 **3·9** に示すリンク上に固定したローカル座標系を設置し，この座標系から式(3·47)の運動方程式を眺めてみる．ローカル座標系 1 から見た剛体 a の並進運動の運動方程式は，2.5 節より

$$m_a \left\{ {}^1R_0\, {}^0\ddot{\boldsymbol{r}}_1 + \frac{\mathrm{d}^{*2}\,{}^1\boldsymbol{r}_{ga}}{\mathrm{d}t^2} + 2\,{}^1\boldsymbol{\omega}_1 \times \left(\frac{\mathrm{d}\,{}^1\boldsymbol{r}_{ga}}{\mathrm{d}t} \right) \right. \\ \left. + {}^1\boldsymbol{\omega}_1 \times \left({}^1\boldsymbol{\omega}_1 \times {}^1\boldsymbol{r}_{ga} \right) + {}^1\dot{\boldsymbol{\omega}}_1 \times {}^1\boldsymbol{r}_{ga} \right\} = {}^1\boldsymbol{f}_a - {}^1\boldsymbol{f}_b \tag{3·48}$$

となる．ここで，座標系 1 から見て，剛体の質量中心は変わらないので，

$$m_a \left\{ {}^1R_0\, {}^0\ddot{\boldsymbol{r}}_1 + {}^1\boldsymbol{\omega}_1 \times \left({}^1\boldsymbol{\omega}_1 \times {}^1\boldsymbol{r}_{ga} \right) + {}^1\dot{\boldsymbol{\omega}}_1 \times {}^1\boldsymbol{r}_{ga} \right\} = {}^1\boldsymbol{f}_a - {}^1\boldsymbol{f}_b \tag{3·49}$$

となる．

　角運動量の変化に関する式も座標系 1 から見た式に変換するために，質量中心まわりの角運動量の時間微分が $\boldsymbol{L}'_a = {}^0R_1\,{}^1\boldsymbol{L}'_a$ であることを踏まえれば

Note

†9　少し込み入った話で専門的になるので，難しいと思ったら読み飛ばして結構である．ここで述べる手法は，ロボット工学ではニュートン・オイラー法と呼ばれる．

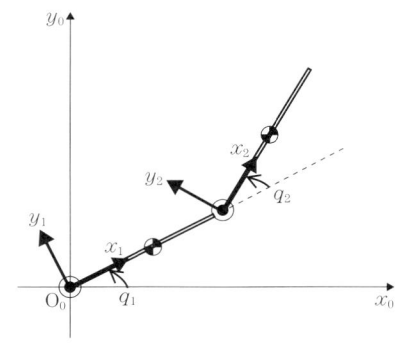

図 3·9　リンク上に設定したローカル座標系

$$\frac{\mathrm{d}}{\mathrm{d}t}({}^0\boldsymbol{L}'_a) = \frac{\mathrm{d}}{\mathrm{d}t}({}^0R_1{}^1\boldsymbol{L}'_a) = {}^0R_1\frac{\mathrm{d}^{*1}\boldsymbol{L}'_a}{\mathrm{d}t} + {}^0\boldsymbol{\omega}_1 \times ({}^0R_1{}^1\boldsymbol{L}'_a) \qquad (3\cdot50)$$

を得る．これを式(3·47)に適用し，座標系 1 で見た剛体 a の質量中心まわりの慣性テンソルを ${}^1I_{ga}$ で表せば ${}^1\boldsymbol{L}'_a = {}^1I_{ga}{}^1\boldsymbol{\omega}_1$ なので，これを踏まえれば，剛体 a の回転の運動方程式は

$$\begin{aligned}{}^0R_1{}^1I_{ga}\frac{\mathrm{d}^{*1}\boldsymbol{\omega}_1}{\mathrm{d}t} + {}^0\boldsymbol{\omega}_1 \times ({}^0R_1{}^1I_{ga}{}^1\boldsymbol{\omega}_1) \\ = {}^0\boldsymbol{n}_a - {}^0\boldsymbol{n}_b - {}^0\hat{\boldsymbol{s}}_a \times {}^0\boldsymbol{f}_a + ({}^0\hat{\boldsymbol{s}}_a - {}^0\hat{\boldsymbol{p}}_a) \times {}^0\boldsymbol{f}_b \end{aligned} \qquad (3\cdot51)$$

となる．ここで，${}^1I_{ga}$ は座標系 1 に固定されているので定数である．さらに，式(2·57)より

$$\dot{\boldsymbol{\omega}}_1 = \frac{\mathrm{d}}{\mathrm{d}t}({}^0R_1{}^1\boldsymbol{\omega}_1) = {}^0R_1\frac{\mathrm{d}^*}{\mathrm{d}t}{}^1\boldsymbol{\omega}_1 + {}^0\boldsymbol{\omega}_1 \times ({}^0R_1{}^1\boldsymbol{\omega}_1) = {}^0R_1\frac{\mathrm{d}^{*1}\boldsymbol{\omega}_1}{\mathrm{d}t} \qquad (3\cdot52)$$

であるから，これの両辺に ${}^1R_0$ を掛けた関係を式(3·51)に代入し，その式の両辺に ${}^1R_0$ を掛ければ，座標系 1 から見た剛体 a の回転に関する運動方程式

$$\begin{aligned}{}^1I_{ga}{}^1\dot{\boldsymbol{\omega}}_1 + {}^1\boldsymbol{\omega}_1 \times ({}^1I_{ga}{}^1\boldsymbol{\omega}_1) \\ = {}^1\boldsymbol{n}_a - {}^1\boldsymbol{n}_b - {}^1\hat{\boldsymbol{s}}_a \times ({}^1\boldsymbol{f}_a - {}^1\boldsymbol{f}_b) - {}^1\hat{\boldsymbol{p}}_a \times {}^1\boldsymbol{f}_b \end{aligned} \qquad (3\cdot53)$$

を得る．

同様に，剛体 b も座標系 2 から見た運動方程式に変換すれば，式(3·47)は

3.4 剛体の運動方程式

$$\begin{cases} m_a \left\{ {}^1R_0{}^0\ddot{\boldsymbol{r}}_1 + {}^1\boldsymbol{\omega}_1 \times \left({}^1\boldsymbol{\omega}_1 \times {}^1\boldsymbol{r}_{ga} \right) + {}^1\dot{\boldsymbol{\omega}}_1 \times {}^1\boldsymbol{r}_{ga} \right\} = {}^1\boldsymbol{f}_a - {}^1R_2{}^2\boldsymbol{f}_b \\ m_b \left\{ {}^2R_0{}^0\ddot{\boldsymbol{r}}_2 + {}^2\boldsymbol{\omega}_2 \times \left({}^2\boldsymbol{\omega}_2 \times {}^1\boldsymbol{r}_{gb} \right) + {}^2\dot{\boldsymbol{\omega}}_2 \times {}^1\boldsymbol{r}_{gb} \right\} = {}^2\boldsymbol{f}_b \\ {}^1I_{ga}{}^1\dot{\boldsymbol{\omega}}_1 + {}^1\boldsymbol{\omega}_1 \times ({}^1I_{ga}{}^1\boldsymbol{\omega}_1) \\ \qquad = {}^1\boldsymbol{n}_a - {}^1R_2{}^2\boldsymbol{n}_b - {}^1\hat{\boldsymbol{s}}_a \times ({}^1\boldsymbol{f}_a - {}^1R_2{}^2\boldsymbol{f}_b) - {}^1\hat{\boldsymbol{p}}_a \times {}^1\boldsymbol{f}_b \\ {}^2I_{gb}{}^2\dot{\boldsymbol{\omega}}_2 + {}^2\boldsymbol{\omega}_2 \times ({}^2I_{gb}{}^2\boldsymbol{\omega}_2) = {}^2\boldsymbol{n}_b - {}^2\hat{\boldsymbol{s}}_b \times {}^2\boldsymbol{f}_b \end{cases}$$
(3·54)

と変形できる．リンク上に設置したローカル座標系から運動方程式を見ると，慣性テンソルが定数として扱えるほか，リンク固有のパラメータが定数となる．

いま，外トルクを ${}^1\boldsymbol{n}_a = [\tau_1, 0, 0]^\top$, ${}^2\boldsymbol{n}_b = [\tau_2, 0, 0]^\top$ として，

$${}^1\boldsymbol{\omega}_1 = [0, 0, \dot{q}_1]^\top, \quad {}^2\boldsymbol{\omega}_2 = {}^2R_0{}^0\boldsymbol{\omega}_1 + {}^2R_1{}^1\boldsymbol{\omega}_2 = [0, 0, \dot{q}_1 + \dot{q}_2]^\top,$$
$${}^1\boldsymbol{r}_{ga} = [l_{ga}, 0, 0]^\top, \quad {}^2\boldsymbol{r}_{gb} = [l_{gb}, 0, 0]^\top, \quad {}^1\hat{\boldsymbol{p}}_a = [l_a, 0, 0]^\top,$$
$${}^1\hat{\boldsymbol{s}}_a = [l_{ga}, 0, 0]^\top, \quad {}^2\hat{\boldsymbol{s}}_b = [l_{gb}, 0, 0]^\top,$$
$${}^0R_1 = \begin{bmatrix} \cos q_1 & -\sin q_1 & 0 \\ \sin q_1 & \cos q_1 & 0 \\ 0 & 0 & 1 \end{bmatrix}, \quad {}^1R_2 = \begin{bmatrix} \cos q_2 & -\sin q_2 & 0 \\ \sin q_2 & \cos q_2 & 0 \\ 0 & 0 & 1 \end{bmatrix},$$
$${}^1R_0 = {}^0R_1^\top = {}^0R_1^{-1}, \quad {}^2R_1 = {}^1R_2^\top = {}^1R_2^{-1}$$

とし，慣性テンソル ${}^1I_{ga}$ の各成分を I_{gazz} のように表すとすれば，各関節軸での運動方程式は，式(3·54)の回転に関する方程式の z 成分を抜き出すことで，関節軸 q_1, q_2 まわりの運動方程式が以下のように得られる．

$$\begin{cases} \tau_1 = I_{gazz}\ddot{q}_1 + I_{gbzz}(\ddot{q}_1 + \ddot{q}_2) + m_b l_{gb}(l_a \sin q_2 \dot{q}_1{}^2 + l_a \cos q_2 \ddot{q}_1 \\ \qquad + l_{gb}(\ddot{q}_1 + \ddot{q}_2)) + m_a l_{ga}^2 \ddot{q}_1 + m_b l_a(l_a \ddot{q}_1 \\ \qquad - l_{gb}(\dot{q}_1 + \dot{q}_2)^2 \sin q_2 + l_{gb} \cos q_2 (\ddot{q}_1 + \ddot{q}_2)) \\ \tau_2 = I_{gbzz}(\ddot{q}_1 + \ddot{q}_2) + m_b l_{gb}(l_a \sin q_2 \dot{q}_1{}^2 + l_a \cos q_2 \ddot{q}_1 + l_{gb}(\ddot{q}_1 + \ddot{q}_2)) \end{cases}$$
(3·55)

Note

3.5 剛体の仕事とエネルギー

Work and Energy of a Rigid Body

図 3·3 の例では，回転の運動方程式が式 (3·18) で表された．1.4 節，2.4 節を参考に，剛体の仕事とエネルギーについて見ておこう．並進運動では外力 $\boldsymbol{F}$ の作用による質点の変位 $d\boldsymbol{r}$ により仕事を定義した．外トルクに対応する変位は回転角度 θ であるので，式 (3·18) の両辺に角速度 $\dot{\theta}$ を掛けて，時刻 $t' = 0$ から $t' = t$ まで時間積分すると

$$\left[\frac{1}{2}I\dot{\theta}^2(t')\right]_0^t = \int_0^t \tau^\top \dot{\theta}\, dt' \tag{3·56}$$

を得る．この式の左辺において

$$K = \frac{1}{2}I\dot{\theta}^2 \tag{3·57}$$

を剛体の**回転エネルギー**という．

2.4 節では，回転エネルギーは運動エネルギーにほかならないことを示した．剛体の場合でもこれが成り立つかを調べよう．剛体の全運動エネルギーを K とすると

$$K = \frac{1}{2}\sum_{p=1}^N m_p \dot{\boldsymbol{r}}_p^\top \dot{\boldsymbol{r}}_p = \frac{1}{2}\sum_{p=1}^N m_p (\boldsymbol{\omega}\times\boldsymbol{r}_p)^\top (\boldsymbol{\omega}\times\boldsymbol{r}_p) \tag{3·58}$$

となる．アームは固定軸まわりに回転しているので，$\boldsymbol{r}_p = (r_p\cos\theta, r_p\sin\theta, 0)^\top$，$\boldsymbol{\omega} = (0, 0, \dot{\theta})^\top$ であることを用いれば

$$K = \frac{1}{2}\sum_{p=1}^N m_p r_p^2 \dot{\theta}^2 \tag{3·59}$$

となり，式 (3·17) の原点まわりの慣性モーメントの定義を用いれば，これは式 (3·57) と一致していることがわかる．

また，質量中心と運動エネルギーの関係も確認しておこう．これまでと同様に

$$\boldsymbol{r}_p = \boldsymbol{r}_G + \boldsymbol{r}_p' \qquad (p = 1, 2, \cdots, N)$$

の変換を運動エネルギーに施せば

$$K = \frac{1}{2}\sum_{p=1}^{N} m_p(\dot{\boldsymbol{r}}_G + \dot{\boldsymbol{r}}'_p)^\top(\dot{\boldsymbol{r}}_G + \dot{\boldsymbol{r}}'_p)$$
$$= \frac{1}{2}M\dot{\boldsymbol{r}}_G^\top \dot{\boldsymbol{r}}_G + \dot{\boldsymbol{r}}_G^\top \left(\sum_{p=1}^{N} m_p \dot{\boldsymbol{r}}'_p\right) + \frac{1}{2}\sum_{p=1}^{N} m_p \dot{\boldsymbol{r}}'_p{}^\top \dot{\boldsymbol{r}}'_p \quad (3\cdot60)$$

となる．質量中心の定義から $\sum_{p=1}^{N} m_p \dot{\boldsymbol{r}}'_p = \boldsymbol{0}$ であるので，式(3·60)の右辺第2項は消え

$$K = K_G + K' \quad (3\cdot61)$$

の関係を得る．ここで，K_G は式(3·60)の右辺第1項，K' は第3項を表している．つまり，剛体の全運動エネルギーは，質量中心の運動エネルギーと質量中心に相対的な運動エネルギーの和に等しいことが導き出された．

図 3·3 の例では，$\dot{\boldsymbol{r}}_G^\top \dot{\boldsymbol{r}}_G = l_g{}^2 \dot{\theta}^2$ であった．また，スカラー 3 重積の関係 $\boldsymbol{a}^\top(\boldsymbol{b}\times\boldsymbol{c}) = \boldsymbol{b}^\top(\boldsymbol{c}\times\boldsymbol{a})$ から

$$K' = \frac{1}{2}\sum_{p=1}^{N} m_p(\boldsymbol{\omega}\times\boldsymbol{r}'_p)^\top(\boldsymbol{\omega}\times\boldsymbol{r}'_p) = \frac{1}{2}\sum_{p=1}^{N} m_p \boldsymbol{\omega}^\top \left(\boldsymbol{r}'_p \times (\boldsymbol{\omega}\times\boldsymbol{r}'_p)\right)$$
$$= \frac{1}{2}\sum_{p=1}^{N} m_p (\boldsymbol{r}'_p{}^\top \boldsymbol{r}'_p)\boldsymbol{\omega}^\top \boldsymbol{\omega} \quad (3\cdot62)$$

となる．これらの関係とともに，式(3·23)により質量中心まわりの慣性モーメントが定義されたことを踏まえると，式(3·61)は

$$K = \frac{1}{2}Ml_g{}^2\dot{\theta}^2 + \frac{1}{2}I_G\dot{\theta}^2 = \frac{1}{2}(Ml_g{}^2 + I_G)\dot{\theta}^2 \quad (3\cdot63)$$

となり，式(3·29)で導き出したときの回転エネルギーと一致する．つまり，剛体の全運動エネルギーは，質量中心での全質量の運動エネルギーと質量中心まわりの回転エネルギーからなる．

Note

もう少し一般的に言うと，慣性系に対して角速度 $\boldsymbol{\omega}$ で回転している剛体について，慣性系で表した質量中心まわりの角運動量は

$$\boldsymbol{L}' = \sum_{p=1}^{N} \boldsymbol{r}'_p \times m_p \dot{\boldsymbol{r}}'_p = \sum_{p=1}^{N} m_p \boldsymbol{r}'_p \times (\boldsymbol{\omega} \times \boldsymbol{r}'_p) \tag{3.64}$$

であるから，式(3.62)は

$$K' = \frac{1}{2} \boldsymbol{\omega}^\top \sum_{p=1}^{N} m_p \boldsymbol{r}'_p \times (\boldsymbol{\omega} \times \boldsymbol{r}'_p) = \frac{1}{2} \boldsymbol{\omega}^\top \boldsymbol{L}' = \frac{1}{2} \boldsymbol{\omega}^\top I_G \boldsymbol{\omega} \tag{3.65}$$

となり，これを式(3.61)に適用すれば，

$$K = \frac{1}{2} M \dot{\boldsymbol{r}}_G^\top \dot{\boldsymbol{r}}_G + \frac{1}{2} \boldsymbol{\omega}^\top I_G \boldsymbol{\omega} \tag{3.66}$$

を得る．この関係は次章以降でロボットの運動方程式を解く際に，強力なツールとなる．例えば，図3.9の場合で剛体aとbの運動エネルギーを導出する際には，剛体の質量中心の運動エネルギーと質量中心まわりの回転エネルギーをそれぞれ計算しておき，それらの和をとればシステム全体の運動エネルギーが得られる．

また，重力加速度 $\boldsymbol{g} = (0, g, 0)^\top$ として，図3.3の y 軸負方向に重力 $-m\boldsymbol{g}$ が作用するとき，剛体の全位置エネルギーは

$$U = \sum_{p=1}^{N} \boldsymbol{r}_p \times (m_p \boldsymbol{g}) = \sum_{p=1}^{N} (\boldsymbol{r}_G + \boldsymbol{r}'_p) \times (m_p \boldsymbol{g}) = M \boldsymbol{r}_G \times \boldsymbol{g} \tag{3.67}$$

となり，質量中心で考えればよいことがわかる．

理解度 Check

- ☐ 剛体は質量分布があり，任意の 2 点間の距離が変わらない物体である．
- ☐ 3 次元空間で剛体の状態を示すには，位置 3 変数，姿勢 3 変数の合計 6 変数が必要である．
- ☐ 固定軸まわりの運動では動きが拘束され，1 変数 θ で表せる．
- ☐ 剛体の運動量，角運動量の変化は内力に無関係で，外力により生じる．
- ☐ 固定軸まわりの剛体の回転運動において，慣性モーメント，運動方程式 (3·17)，(3·18)を導出できる．
- ☐ 慣性モーメントとは，並進運動の慣性に対応して，回転（モーメント）のしにくさを表した量である．
- ☐ 「平行軸の定理」と言われて，すぐに式(3·26)の関係式を書ける．
- ☐ 慣性テンソルとは，角運動量を $L = I\omega$ のように角速度との関係から定義されるもので，物体固有の形状や質量分布によって決まる量である．また，慣性テンソルは慣性モーメントと慣性乗積から構成されていることを理解している．
- ☐ 質量中心とは式(3·22)で定義される剛体の質量に関する平均的な位置を表し，剛体では 2 点間の距離は不変なので，剛体の各点と質量中心の位置関係は変わらない．
- ☐ 剛体の運動状態を調べるには，質量中心の並進移動と質量中心まわりの回転に関する式(3·44)の運動方程式に着目する．
- ☐ 剛体が連結している場合には，剛体間の相互作用力を考慮して運動方程式を導く必要がある．
- ☐ 剛体の回転運動の仕事とエネルギーの関係は，回転の運動方程式と角速度の内積をとり，その式を時間積分することで導出できる．
- ☐ 剛体の全運動エネルギーは，質量中心の並進運動エネルギーと質量中心まわりの回転エネルギーの和で表せる．

● 3章　剛体運動の力学

Training　演習問題

1 図 3·10 は，重力下で密度一様な棒が原点まわりに回転運動している様子である．棒に外トルクは作用していないとき，以下の問いに答えよ．ただし，棒の質量中心を $\bm{r}_G = (x_G, y_G)^\top$，質量中心まわりの慣性モーメントを I_G とする．

1. 棒の質量中心に関する並進の運動方程式，質量中心まわりの回転の運動方程式を求めよ．
2. 1 の結果を用いて，関節軸まわりの運動方程式を求めよ．
3. 2 の結果から，初期時刻と時刻 t でのエネルギーの関係を示せ．

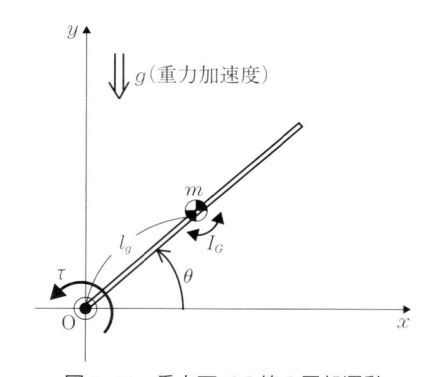

図 3·10　重力下での棒の回転運動

2 座標系 $O_1 - x_1 y_1 z_1$ に対して次に示す図の状態での物体の原点まわりの慣性テンソルを求めよ．ただし，物体の密度は一様で全質量 M として，物体の質量中心は原点にあるとする．

1. 図 3·11 の 3 辺の長さが a, b, c の直方体
2. 図 3·12 の半径 r，長さ l の円柱

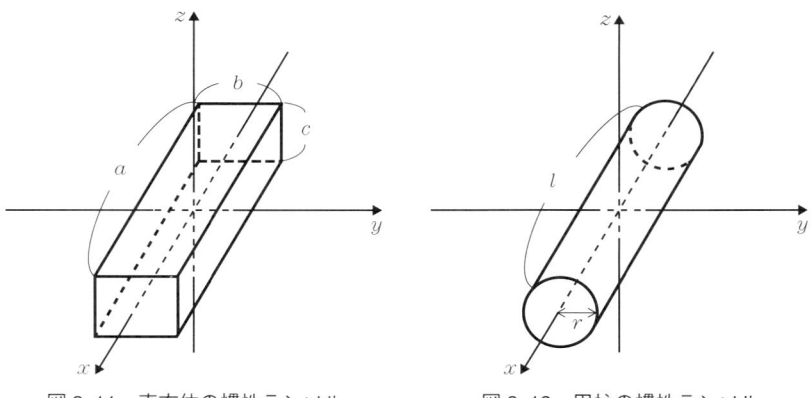

図 3·11　直方体の慣性テンソル

図 3·12　円柱の慣性テンソル

3 図 3·7 の剛体リンク機構の運動方程式(3·54)から以下の量を求め，式(3·55)を導出せよ．

1. ${}^1R_0\,{}^0\ddot{\boldsymbol{r}}_1$, ${}^2R_0\,{}^0\ddot{\boldsymbol{r}}_2$
2. 式(3·54)の第 1 式，第 2 式の左辺
3. 式(3·54)の第 4 式に，2. での第 2 式の左辺の結果を代入して解いた τ_2
4. 式(3·54)の第 3 式に，2. での第 1 式の左辺の結果と 3. の τ_2 を代入して解いた τ_1

4章 仮想仕事とダランベールの原理

Principles of Virtual Work and d'Alembert

学習のPoint

- 力学系の運動を記述するとき主にカーテシアン座標（物理学ではデカルト座標と呼ぶのが一般的）を使ったが，剛体の取扱いには極座標を用いた方が便利な場合もあった．質点系や質点系と剛体が相互作用する力学系の場合，運動の本質を究明するには，必要最小限の変数を選んで運動方程式を記述することが肝要になる．そのために，本章では一般化座標と自由度の概念を学び，運動方程式の導出の基本原理となる仮想仕事の原理とダランベールの原理を学習する．これら力学原理の説明で用いる微小変位の意味が十分に理解できるようになると，ダランベールの原理がどんなに役に立つか，次章で本格的に学ぶことになろう．最後の節では，次章の準備として，変分法の基礎概念とオイラーの方程式を学習しておこう．

4.1 一般化座標と自由度

Generalized Coordinates and Degrees-of-Freedom

　質点系や剛体，そしてそれらの組合せとみなせるロボットやメカトロニクス系の運動を考えるとき，その物理的対象を抽象的に力学系と呼ぶ．一般に，力学系の位置を決めるために必要かつ十分な物理変数の個数を力学系の**自由度**（Degrees-of-freedom）という．1個の質点のみからなる最も単純な力学系は，質点の3次元空間中の位置が三つの変数の組 (x,y,z) によって決まるので，その自由度は普通は3である．しかし，質点が2次元平面に束縛される平面運動では自由度は2となり，曲線上に拘束されて運動するときは，自由度は1となる．図 4·1 に示す単純な振り子の例では，1個の質点とみなしている錘の質量中心の xy 平面上の位置 (x,y) を選べば，力学系としての位置は決まるので自由度は2であるとしてもよいように思える．しかし，錘を支える細い棒（あるいはピンと張った糸）の質量を無視すれば，その長さは変わらないので，錘の重心は円弧曲線上に束縛されるので，その自由度は1とみなせ，糸の傾き角を表す変数 θ が振り子の位置を表すのに十分となる．このような位置変数を**一般化座標**（Generalized coordinates）と呼ぶ．

　少し複雑な例として，二つの質点が細い棒（固くて変形しないが，質量は無視

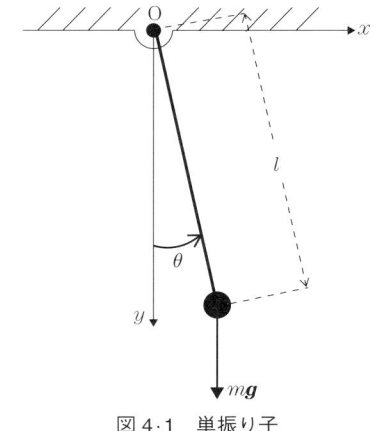

図 4·1　単振り子

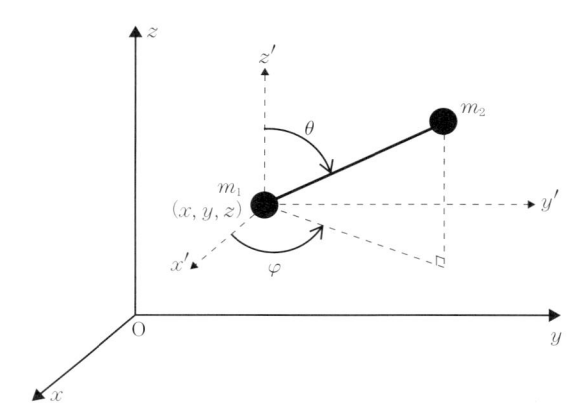

図 4・2　鉄亜鈴を細い棒で結んだ力学系の自由度

する）で連結されている理想化した鉄亜鈴（**図 4・2**）を考えよう．一つの質点の自由度は3であり，その位置を (x,y,z) で表すと，他端の質点の位置は棒の方向を与えれば決まる．その方向を図 4・2 に示すように二つの角度 θ, φ で決めよう．このとき鉄亜鈴の力学系としての位置は変数の組 (x,y,z,θ,φ) で決まるので，自由度は5となる．また，変数の組をベクトルとして $\boldsymbol{q} = (x,y,z,\theta,\varphi)^{\top}$ と表し，これを**一般化位置座標**（Generalized position coordinates）あるいは**一般化位置ベクトル**（Generalized position vector）と呼ぶ．このとき，三つの変数 x, y, z の物理単位は長さの単位〔m〕に基づくが，角度 θ, φ は無次元の単位〔rad〕に基づく．このように，一般化座標として選ぶ各変数は異なる物理単位に基づくことも許されていることに注意しておきたい．

　一つの剛体は無限個の質点から構成されるとしたが，質点相互間の距離が不変であるという**束縛条件**（Constraint condition）が課してあるため，その自由度は無限になるわけではない．1個の剛体が自由運動する際は，自由度は6になる．なぜなら，剛体の特定した1点（どこでもいいが，たとえば質量中心とせよ）を決めるには3個の変数が必要であり，次いで第二の点を定めると，それは第一の点から一定の距離にある球面上に束縛されるので，2個の変数が追加され，第三

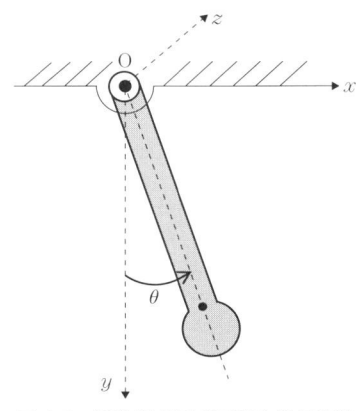

図 4·3 剛体振り子（振り子式柱時計）　　図 4·4 複振り子（教会の鐘）

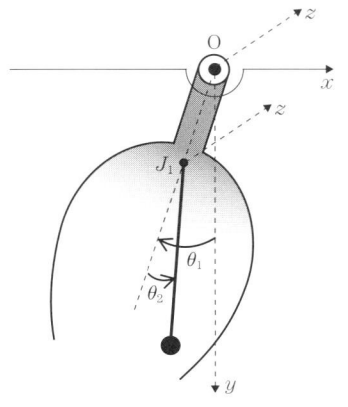

の点を取ると，これは最初の2点を結ぶ直線を回転軸とする円周上に束縛されるので1個の変数が追加され，こうして合計で自由度は6になる．もし，1個の剛体に拘束を課すと，その自由度はずっと減る．たとえば，**図 4·3**の剛体振り子を考えてみよう．この振り子は昔の振り子式柱時計のモデルと考えられるが，剛体の位置はOを中心とするz軸まわりの回転のみによって決まるので，自由度は1になる．そして，一般化座標は1個の変数θのみで表すことができる．

教会の鐘を模式化した**複振り子**（Double pendulum）を**図 4·4**に示す．第二振り子は，第一振り子の関節中心J_1まわりに自由回転できるように取り付けてある．ともに回転軸が同じz方向に設置されていれば，この複振り子の力学系としての自由度は2となり，一般化座標として(θ_1, θ_2)を選ぶことができる．

4.2　仮想仕事の原理

Principle of Virtual Work

質量Mの大人とmの子供がシーソーに乗っているとき，つりあいが起こる条件を考えよう（**図 4·5**）．シーソーの傾き角をθで表すと，これがこの力学系の一般化座標となり，自由度は1である．いま，$|\theta|$が小さいあるθの傾き角でシー

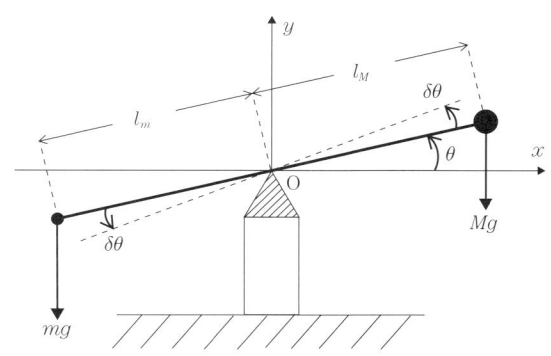

図 4.5 シーソーのつりあい条件．つりあいは $l_M M = l_m m$ のとき起る

ソーはつりあっているとする．ここで，シーソーがさらに微小角 $\delta\theta$ だけ回転したと想定してみる．$\delta\theta$ が正ならば（反時計まわり），右側の大人の重心位置は斜め上の方向に $l_M \delta\theta$ だけ動くが，この動きの鉛直方向の成分は上向きに $l_M \delta\theta \cos\theta$ である．同様に，左側の子供の重心位置は斜め下に動き，その鉛直方向の成分は下向きに $l_m \delta\theta \cos\theta$ である．微小角 $\delta\theta$ が負の場合も同様なことが考えられる．このように，任意に小さい変位の組 $\{l_M \delta\theta \cos\theta, -l_m \delta\theta \cos\theta\}$ を**仮想変位**（Virtual displacement）と呼ぶが，それぞれの変位には重力による力 Mg と mg がかかっているので，それぞれの重力のなす仕事の総和を取ると

$$\delta W = Mgl_M \delta\theta \cos\theta - mgl_m \delta\theta \cos\theta \tag{4.1}$$

となる．これを**仮想仕事**（Virtual work）と呼ぶ．そして，シーソーがつりあうための必要かつ十分条件として，形式

$$\delta W = 0 \tag{4.2}$$

が成立しなければならないことを**仮想仕事の原理**（Principle of virtual work）と呼ぶ．

仮想仕事の原理が力学系のつりあいの必要十分条件になることを，剛体を含む

Note

†1 （次頁参照）束縛（Constraint）という言葉は 4.1 節で既出であるが，質点に働く束縛力という概念は 4.4 節で初めて明確にされるのでここでは天下りで想定しておくにとどめる．シーソーの例では，質点 m や質点 M の位置が支点 O を中心とする円周上に拘束（束縛）されていることに注意．

4章 仮想仕事とダランベールの原理

一般の質点系について,述べておこう.質点 i に働く**束縛力**(Constraint force)[†1] をベクトル $\boldsymbol{S}_i$,束縛力以外の力を $\boldsymbol{F}_i$ で表しておくと,各質点 i ごとにつりあいの式

$$\boldsymbol{F}_i + \boldsymbol{S}_i = 0, \qquad i = 1, \cdots, N \tag{4.3}$$

が成立するとする.そこで,質点 i に対して全体の束縛条件を破らないような微小な変位 $\delta\boldsymbol{r}_i$ を与えてみる.前述のシーソーの例では,束縛条件を破らないように,傾き角の微小角 $\delta\theta$ を用いたが,一般には質点 i の位置ベクトル $\boldsymbol{r}_i$ の近傍で微小な変位 $\delta\boldsymbol{r}_i$ をとってみる.そこで仮想仕事を

$$\delta W = \sum_{i=1}^{N} (\boldsymbol{F}_i + \boldsymbol{S}_i, \delta\boldsymbol{r}_i) \tag{4.4}$$

と定義しよう[†2].ここに $(\boldsymbol{x}, \boldsymbol{y})$ は 3 次元ベクトル $\boldsymbol{x}$ と $\boldsymbol{y}$ の内積を表す.質点系がつりあいの状態にあれば,式 (4.3) から

$$\delta W = \sum_{i=1}^{N} (\boldsymbol{F}_i + \boldsymbol{S}_i, \delta\boldsymbol{r}_i) = 0 \tag{4.5}$$

である.逆に,$\delta W = 0$ が任意の仮想変位に対して成立するならば,力学系はつりあいの状態にあることを主張するのが仮想仕事の原理である.

このことを示すには,$\delta W = 0$ であるのに,力学系がつりあっていないとすると矛盾が起こることが示せればよい.質点系はつりあっていないとき,運動方程式

$$m_i \frac{\mathrm{d}^2 \boldsymbol{r}_i}{\mathrm{d}t^2} = \boldsymbol{F}_i + \boldsymbol{S}_i, \qquad i = 1, \cdots, N \tag{4.6}$$

に従って運動を起こしているはずである.そこで,つりあわなくなった瞬間までは仮想変位は 0 とし,その先では,束縛条件を満たしながら加速度の向きに合わせて微小な変位 $\delta\boldsymbol{r}_i$ を想定すると,$\boldsymbol{F}_i + \boldsymbol{S}_i$ との内積は

$$(\boldsymbol{F}_i + \boldsymbol{S}_i, \delta\boldsymbol{r}_i) = \left(m_i \frac{\mathrm{d}^2 \boldsymbol{r}_i}{\mathrm{d}t^2}, \delta\boldsymbol{r}_i \right) > 0, \qquad i = 1, \cdots, N \tag{4.7}$$

となるから,$\delta W > 0$ となって $\delta W = 0$ であったことに矛盾する.こうして,式

(4・5)が成立すれば，質点系はつりあっていることになる．

特に，束縛が滑らかで，束縛力が仕事をしない場合には，$(\boldsymbol{S}_i, \delta \boldsymbol{r}_i) = 0$ であるので，仮想仕事の原理は

$$\delta W = \sum_{i=1}^{N} (\boldsymbol{F}_i, \delta \boldsymbol{r}_i) = 0 \tag{4・8}$$

と表される．

念を入れて，シーソーの運動のつりあい条件を式(4・8)が示す仮想仕事の原理から導いてみよう．大人の重心位置 $\boldsymbol{r}_M = (x, y)^\top$ における仮想変位ベクトルは，子供のそれとともに，図 **4・6** に示すように

$$\delta \boldsymbol{r}_M = l_M \begin{pmatrix} \sin\theta \\ -\cos\theta \end{pmatrix} \delta\theta, \quad \delta \boldsymbol{r}_m = l_m \begin{pmatrix} -\sin\theta \\ \cos\theta \end{pmatrix} \delta\theta \tag{4・9}$$

と表される．この仮想変位は束縛条件を満たしていることに注意しておく．そこで，シーソーの両端にかかる重力は

$$\boldsymbol{F}_M = \begin{pmatrix} 0 \\ -Mg \end{pmatrix}, \quad \boldsymbol{F}_m = \begin{pmatrix} 0 \\ -mg \end{pmatrix} \tag{4・10}$$

である．こうして，仮想仕事を求めると

$$\delta W = \boldsymbol{F}_M^\top \delta \boldsymbol{r}_M + \boldsymbol{F}_m^\top \delta \boldsymbol{r}_m$$

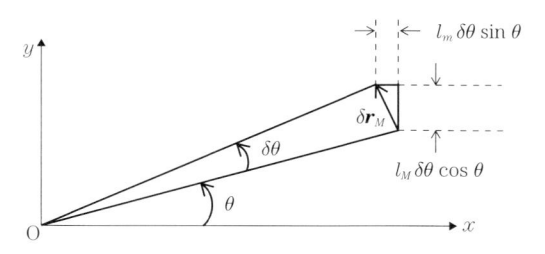

図 4・6　仮想変位の作り方

> **Note**
>
> †2 物理学や解析力学の教科書などでは，仮想仕事を記号 $\delta'W$ で表すようにしている．その理由は，式(4・4)の右辺がある仕事量 W の微小変化（全微分のこと）δW に一致することを表すのではないことを強調するためであった．式(4・4)の右辺は，想定した仮想変位 $\delta \boldsymbol{r}_i$ と $\boldsymbol{F}_i + \boldsymbol{S}_i$ の内積が仕事の単位で表されるので，それらを総和したものも微小量であり，その微小量を $\delta'W$ で表示したものである．このことをきちんとわきまえておけば，δW は仮想仕事（ある仕事量の全微分でない）を表すためのみに使うので，混同することなく，記号として用いることができる．この意味で，仮想仕事の原理ではなく，わざわざ仮想変位の原理（Principle of virtual displacement）と呼ぶ教科書もある．

$$= Mgl_M\delta\theta\cos\theta - mgl_m\delta\theta\cos\theta$$
$$= (Ml_M - ml_m)g\delta\theta\cos\theta \tag{4.11}$$

となる．仮想仕事の原理から上の式で任意の微小角 $\delta\theta$ に対して $\delta W = 0$ とならねばならないので，等式 $Ml_M = ml_m$ がシーソーのつりあう必要十分条件となる．

4.3　ダランベールの原理

Principle of d'Alembert

質点系の運動方程式は，質点 i の質量を m_i，位置ベクトルを $\boldsymbol{r}_i$，そこに作用するすべての力を合わせて $\boldsymbol{F}_i$ で表すと

$$m_i\ddot{\boldsymbol{r}}_i = \boldsymbol{F}_i, \qquad i = 1,\cdots,N \tag{4.12}$$

で表されることを学んだ．そこで，この式を等価的に

$$\boldsymbol{F}_i - m_i\ddot{\boldsymbol{r}}_i = 0, \qquad i = 1,\cdots,N \tag{4.13}$$

と書き換え，この式の意味を次のように拡大解釈してみる．式(4.13)の左辺の第二項は $-m_i\ddot{\boldsymbol{r}}_i$ であるが，これも力の一種とみなして，これを**慣性力**（Inertial force）と呼ぶことにすると，式(4.13)は質点に作用する力の総和と慣性力がつりあっていることを表現していることになる．このように，作用する力の総和と慣性力がつりあうことを**ダランベールの原理**（Principle of d'Alembert）という．

ダランベールの原理の本質をより深く理解するために，図 **4・7** に示す振り子の周期運動を考察してみよう．長さ l の糸の先に質量 m の錘をつるし，糸が円錐形状を構成するようにし，その結果，錘は底面（水平面）上で円運動するように回転しているとする．ただし，糸が鉛直軸（z 軸）と成す角 φ は小さく，一定になっているとする．これを**円錐振り子**（Cone pendulum）という．この振り子の角振動数 ω，あるいは円運動の周期 T $(= 2\pi/\omega)$ をダランベールの原理に基づいて求めてみよう．まず，錘の質量中心に作用する張力 $\boldsymbol{f}$ と重力 $\boldsymbol{g}$ を3次元ベクトルで表すと，次のようになる．

4.3 ダランベールの原理

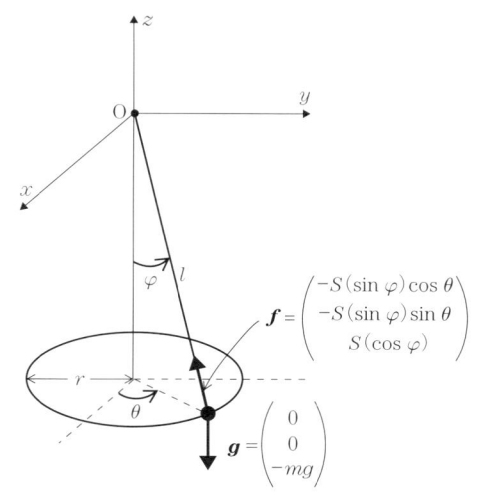

図 4·7 円錐振り子

$$\boldsymbol{f} = \begin{pmatrix} -S(\sin\varphi)\cos\theta \\ -S(\sin\varphi)\sin\theta \\ S(\cos\varphi) \end{pmatrix}, \qquad \boldsymbol{g} = \begin{pmatrix} 0 \\ 0 \\ -mg \end{pmatrix} \tag{4·14}$$

ここに張力の大きさを S としている．錘の重心の位置ベクトルは $\boldsymbol{r} = (r\cos\theta, r\sin\theta, -l\cos\varphi)^\top$ で表されるので，その時間微分（速度ベクトル）は

$$\dot{\boldsymbol{r}} = \begin{pmatrix} \dot{r}\cos\theta - r\dot{\theta}\sin\theta \\ \dot{r}\sin\theta + r\dot{\theta}\cos\theta \\ l\dot{\varphi}\sin\varphi \end{pmatrix} \tag{4·15}$$

となる．ここに $r = l\sin\varphi$ となるので，$\dot{r} = l\dot{\varphi}\cos\varphi$ であり，$\dot{\boldsymbol{r}}$ の z 成分 $l\dot{\varphi}\sin\varphi$ にも $\dot{\varphi}$ がかかることになる．$\ddot{\boldsymbol{r}}$ を求めてみると，

$$\ddot{\boldsymbol{r}} = \begin{pmatrix} (\ddot{r} - r\dot{\theta}^2)\cos\theta - (2\dot{r}\dot{\theta} + r\ddot{\theta})\sin\theta \\ (\ddot{r} - r\dot{\theta}^2)\sin\theta + (2\dot{r}\dot{\theta} + r\ddot{\theta})\cos\theta \\ l\ddot{\varphi}\cos\varphi - l\dot{\varphi}^2\sin\varphi \end{pmatrix} \tag{4·16}$$

Note

● 4章 仮想仕事とダランベールの原理

となる．糸が円錐形を作るように滑らかに回転しているとき，糸の傾き角 φ は一定なので，$\dot{\varphi}=0$，$\ddot{\varphi}=0$ となるが，このことは $\dot{r}=0$，$\ddot{r}=0$ を意味する．したがって，$\ddot{\boldsymbol{r}}$ は次のように表される．

$$\ddot{\boldsymbol{r}} = \begin{pmatrix} -r\dot{\theta}^2\cos\theta - r\ddot{\theta}\sin\theta \\ -r\dot{\theta}^2\sin\theta + r\ddot{\theta}\cos\theta \\ 0 \end{pmatrix} \tag{4.17}$$

こうして，式(4.13)で表されるダランベールの原理をこの例題に適用すると

$$\boldsymbol{f} + \boldsymbol{g} - m\ddot{\boldsymbol{r}} = 0 \tag{4.18}$$

を得る．そこで，式(4.14)と式(4.17)を上式に代入すると

$$\begin{pmatrix} -S\sin\varphi\cos\theta \\ -S\sin\varphi\sin\theta \\ S\cos\varphi - mg \end{pmatrix} - m \begin{pmatrix} -r\dot{\theta}^2\cos\theta - r\ddot{\theta}\sin\theta \\ -r\dot{\theta}^2\sin\theta + r\ddot{\theta}\cos\theta \\ 0 \end{pmatrix} = 0 \tag{4.19}$$

を得る．この式と 3 次元ベクトル $(-\sin\theta, \cos\theta, 0)^\top$ との内積を求めると

$$-mr\ddot{\theta} = 0 \tag{4.20}$$

となり，同様に $(\cos\theta, \sin\theta, 0)^\top$ との内積を求めると

$$-S\sin\varphi + mr\dot{\theta}^2 = 0 \tag{4.21}$$

を得る．式(4.20)から $\dot{\theta}=\mathrm{const.}$ であることがわかるので，この定数を $\omega=\dot{\theta}$ と置くと，これが振り子の円運動の角振動数を表す．式(4.21)の左辺の第二項は遠心力を表しているので，この式は張力の xy 平面上の成分と遠心力がつりあっていることを表す．また，式(4.19)の z 成分は，改めて

$$S\cos\varphi - mg = 0 \tag{4.22}$$

と表され，これは糸の張力の鉛直成分と重力がつりあっていることを表す．式(4.22)と式(4.21)より，角振動数と周期は

$$\omega = \dot{\theta} = \sqrt{\frac{S\sin\varphi}{mr}} = \sqrt{\frac{g}{l\cos\varphi}} \qquad (4\cdot23)$$

$$T = 2\pi/\omega = 2\pi\sqrt{(l/g)\cos\varphi} \qquad (4\cdot24)$$

となることがわかる.

ダランベールの原理は,慣性力を含めたつりあいの式を表すので,つりあいの式で成立した仮想仕事の原理が適用できねばならない.質点系がつりあっている瞬間を想定して,各質点の位置から束縛条件を破らないような仮想変位 $\delta\boldsymbol{r}_i$ を考え,式(4·13)に仮想仕事の原理を適用すると

$$\sum_{i=1}^{N}(\boldsymbol{F}_i - m_i\ddot{\boldsymbol{r}}_i, \delta\boldsymbol{r}_i) = 0 \qquad (4\cdot25)$$

となる.ダランベールの原理は,仮想仕事の原理と組み合わせて,式(4·25)を指すこともある.

ダランベールの原理に基づいて,**図 4·8** に示すようなカート上に取り付けた**倒立振り子**(Inverted pendulum)の運動方程式が導出できるかどうか,検討してみよう.慣性座標系として紙面上に示したように O-xy を取り,カートは x 軸に沿って力 F で押す(あるいは引く)とする.ただし,カートの車輪とレールの間

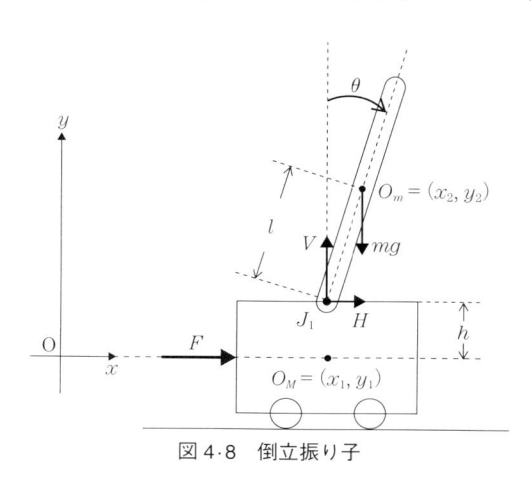

図4·8 倒立振り子

Note

の摩擦は無視する．振り子は棒状の剛体で，関節中心 J_1 のまわりで自由に回転できるとする（つまり，振り子の回転軸は紙面に垂直な z 軸とする）．このように，カートと振り子で構成する力学系の運動は xy 平面内に限定されているとする．ところで，先に議論した仮想仕事の原理やダランベールの原理は質点系についてであった．剛体は無限個の質点からなるが，図 4・8 の振り子を含む力学系のように，1 個の剛体を含み，その回転軸が平面運動の面と直交する場合には，仮想仕事やダランベールの原理が容易に拡張して適用できるのである．

図 4・8 を見ると，カートの位置は質量中心 O_M の高さ y_1 が一定の位置ベクトル $\boldsymbol{r}_1 = (x_1, y_1)^\top$ で表されるので，それは 1 自由度であり，振り子の位置と姿勢は質量中心 O_m の位置 $\boldsymbol{r}_2 = (x_2, y_2)^\top$ と傾き角 θ（ここでは時計まわりを正とする）で表されるので，それは 3 自由度である．しかし，振り子の重心 O_m の位置 $\boldsymbol{r}_2 = (x_2, y_2)^\top$ はカート上の関節 J_1 を通して拘束されているので，振り子の自由度は剛体振り子の場合と同じように 1 であると考えるべきであろう．この議論は次節で詳しく述べるとして，ここではカートと振り子で構成される力学系について，力やトルクのつりあいの式からダランベールの原理を適用してみる．そのため，振り子とカートをつなぐ関節の中心 J_1 に抗力 $\boldsymbol{f} = (H, V)^\top$ が働いていると想定してみよう[†3]．このとき，剛体振り子の質量中心における力のつりあいは

$$m \begin{pmatrix} \ddot{x}_2 \\ \ddot{y}_2 \end{pmatrix} = -mg \begin{pmatrix} 0 \\ 1 \end{pmatrix} + \begin{pmatrix} H \\ V \end{pmatrix} \tag{4・26}$$

となり，回転力（トルク）のつりあいは

$$I\ddot{\theta} = Vl\sin\theta - Hl\cos\theta \tag{4・27}$$

となる（図 4・9 参照）．ここに I は剛体振り子の質量中心 O_m を貫く z 軸まわりの慣性モーメント，l は関節中心 J_1 から O_m までの長さとする．他方，カートの x 軸方向の力のバランスは

$$M\ddot{x}_1 = F - H \tag{4・28}$$

となる．ここに M はカートの質量とする．こうして，ダランベールの原理を表

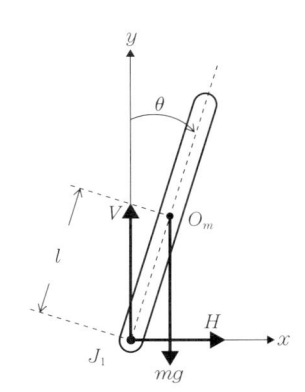

図 4·9　振り子の質量中心まわりの回転力を引き起こす抗力 $\bm{f} = (H, V)^\top$

す式 (4·25) は，この場合

$$\{(Vl\sin\theta - Hl\cos\theta) - I\ddot{\theta}\}\delta\theta + \{F - H - M\ddot{x}_1\}\delta x_1$$
$$+\{H - m\ddot{x}_2\}\delta x_2 + \{-mg + V - m\ddot{y}_2\}\delta y_2 = 0 \quad (4\cdot 29)$$

と書ける[†4]．ここで，微小変位 $\delta\theta$, δx_1, δx_2, δy_2 が任意に与えられるならば，式 (4·29) から，四つの括弧 { } の中身はそれぞれ 0 とならねばならず，その結果式 (4·26), (4·27), (4·28) が成立しなければならないことになる．しかし，この議論は振出しに戻っただけで，抗力 $\bm{f} = (H, V)^\top$ がどのように決まるか，何の示唆も与えてくれない．そもそも微小変位 δx_1, $\delta\theta$ は独立に選べるとしても，δx_2 と δy_2 は拘束条件を破らないように θ と x_1 に依存して決めなければならないはずである．こうして次節で述べる一般化力とラグランジュ乗数の概念が重要になるのである．

なお，図 4·8 に示すように，x_2 と y_2 は次のように x_1 と θ に依存する拘束条件が課せられていることに注意しておく．

Note

[†3] ダランベールの原理は，質点系に対して，式 (4·25) によって示された．ただし，この例では，カートは 1 自由度の質点系であるが，そこに 1 個の剛体（倒立振り子）が相互作用している．剛体は無限個の質点からなるとみなされるが，4.1 節で述べたように自由度は 6 であり，さらに図 4·8 に示すように回転軸が一つのときは，自由度は 1 となる．このような場合には，回転力のつりあいの式を含めることで，ダランベールの原理が成立することに留意しておきたい．

[†4] 式 (4·29) の微小量 $\delta\theta$ と δx_i, δy_2 では物理単位が異なることに注意しておきたい．ただし，式 (4·29) において，$\delta\theta$ に積の形でかかる括弧 { } の中身の物理単位は回転力（トルク）のそれなので，この項の物理単位は仕事であり，ほかの δx_i や δy_2 の項の物理単位と同じになることに留意しよう．

$$\begin{cases} x_2 = x_1 + l\sin\theta \\ y_2 = h + l\cos\theta \end{cases} \tag{4.30}$$

ここに h は長さの単位をもつ定数である[†5]．

4.4　一般化力とラグランジュ乗数

Generalized Force and Lagrange's Multipliers

　カーテシアン座標系で質点系を記述するとき，位置，速度，運動量の各ベクトルの x, y, z 成分は

$$\begin{cases} \text{位置の座標}: x_1, y_1, z_1, x_2, y_2, z_2, \cdots, x_N, y_N, z_N \\ \text{速度の成分}: \dot{x}_1, \dot{y}_1, \dot{z}_1, \dot{x}_2, \dot{y}_2, \dot{z}_2, \cdots, \dot{x}_N, \dot{y}_N, \dot{z}_N \\ \text{運動量の成分}: p_{1x}, p_{1y}, p_{1z}, p_{2x}, p_{2y}, p_{2z}, \cdots, p_{Nx}, p_{Ny}, p_{Nz} \end{cases}$$

と記した（第1章参照）．運動エネルギーは質点 i の質量を m_i で表して

$$K = \sum_{i=1}^{N} \frac{1}{2} m_i (\dot{x}_i{}^2 + \dot{y}_i{}^2 + \dot{z}_i{}^2) \tag{4.31}$$

で表した．ベクトル表示では，上述の成分の3個を1組として，位置ベクトルは $\boldsymbol{r}_i = (x_i, y_i, z_i)^\top$, 速度ベクトルは $\dot{\boldsymbol{r}}_i = \boldsymbol{v}_i = (\dot{x}_i, \dot{y}_i, \dot{z}_i)^\top$, 運動量ベクトルは $\boldsymbol{p}_i = (p_{ix}, p_{iy}, p_{iz})^\top = (m_i\dot{x}_i, m_i\dot{y}_i, m_i\dot{z}_i)^\top$ で表した．しかし，4.1節で考察したように，質点系の自由度は，普通，$3N$ より小さい．いま，4.1節で議論したように，一般化座標を記号 $q_1, \cdots, q_n$ で表しておこう．そのとき，$\boldsymbol{q} = (q_1, \cdots, q_n)^\top$ を一般化位置ベクトル，$\dot{\boldsymbol{q}} = (\dot{q}_1, \cdots, \dot{q}_n)^\top$ を一般化速度ベクトルと呼ぶ．ところで，カーテシアン座標系で表した位置や速度の座標成分はそれぞれ $3N$ 個あるが，以下の議論では3個ずつを区別して1組にする必要はないので，むしろ記法が繁雑になることを避け，$3N$ 個の座標成分には通し番号をつけて

$$x_1, \ x_2(=y_1), \ x_3(=z_1), \ x_4(=x_2), \ x_5(=y_2), \ \ldots$$

と表すことにし，$m = 3N$ とする．速度成分についても同様に通し番号をつけた変数 $\dot{x}_1, \dot{x}_2, \cdots, \dot{x}_m$ を用いる．そこで，ダランベールの原理を一般化座標で表すことを試みてみよう．

始めに，カーテシアン座標 $x_1, \cdots, x_m$ は一般化座標の関数として表されるはずであるから（それらの例は 4.1〜4.3 節で見た），それらを

$$\begin{cases} x_1 = x_1(q_1, \cdots, q_n) = x_1(\boldsymbol{q}) \\ x_2 = x_2(q_1, \cdots, q_n) = x_2(\boldsymbol{q}) \\ \vdots \qquad \vdots \qquad \vdots \\ x_m = x_m(q_1, \cdots, q_n) = x_m(\boldsymbol{q}) \end{cases} \tag{4.32}$$

と表しておこう．数学では x_1 は関数表記 $f_1(q_1, \cdots, q_n)$ のように表すが，以下の議論で必要な表記法を簡略化するために，f_i の代わりに記号 x_i を用いていることに注意されたい．そこで，式(4.32)の各 x_i を t で微分した形式は

$$\frac{\mathrm{d}}{\mathrm{d}t} x_i = \frac{\partial x_i}{\partial q_1} \frac{\mathrm{d}q_1}{\mathrm{d}t} + \frac{\partial x_i}{\partial q_2} \frac{\mathrm{d}q_2}{\mathrm{d}t} + \cdots + \frac{\partial x_i}{\partial q_n} \frac{\mathrm{d}q_n}{\mathrm{d}t} \tag{4.33}$$

と表されることに注目する．これは，簡便に，

$$\begin{aligned} \dot{x}_i &= \frac{\partial x_i}{\partial q_1} \dot{q}_1 + \frac{\partial x_i}{\partial q_2} \dot{q}_2 + \cdots + \frac{\partial x_i}{\partial q_n} \dot{q}_n \\ &= (\partial x_i / \partial \boldsymbol{q})^\top \dot{\boldsymbol{q}}, \qquad i = 1, \cdots, m \end{aligned} \tag{4.34}$$

と表される．ここに $\partial x_i / \partial \boldsymbol{q}$ は x_i のベクトル $\boldsymbol{q}$ による**勾配ベクトル**（Gradient vector）と呼ばれるが，$(\partial x_i / \partial \boldsymbol{q})^\top$ は縦ベクトル表示 $\partial x_i / \partial \boldsymbol{q}$ の転置を表しており，横ベクトルの表示になっている．すなわち，$(\partial x_i / \partial \boldsymbol{q})^\top = (\partial x_i / \partial q_1, \cdots, \partial x_i / \partial q_n)$ である．式(4.34)から判るように，$\dot{x}_i$ は $q_1, \cdots, q_n$ と $\dot{q}_1, \cdots, \dot{q}_n$ に依存するので，その関数関係を

$$\dot{x}_i = \dot{x}_i(q_1, \cdots, q_n, \dot{q}_1, \cdots, \dot{q}_n) = \dot{x}_i(\boldsymbol{q}, \dot{\boldsymbol{q}}) \tag{4.35}$$

Note

†5 本書では "束縛" と "拘束" を同じ意味で使っている．束縛条件を式で表すときには，普通には，拘束式と呼んでいる．

で表すことにする．このとき，式(4·33)あるいは(4·34)で示すように，$\dot{x}_i$ は $\dot{q}_1, \cdots,$ $\dot{q}_n$ については 1 次式になるので，式(4·33)を直接 $\dot{q}_j$ で偏微分することにより

$$\frac{\partial \dot{x}_i}{\partial \dot{q}_j} = \frac{\partial x_i}{\partial q_j}, \qquad \begin{cases} j = 1, \cdots, n \\ i = 1, \cdots, m \end{cases} \tag{4·36}$$

が成立することがわかる．この関係式は第 5 章で重要な役目を果たすが，その前に，ここではダランベールの原理を一般化座標系で表現することを試みよう．式(4·25)は，力 $\boldsymbol{F}_i$ の成分に対しても通し番号 $F_1, \cdots, F_m$ で表しておけば

$$\sum_{i=1}^{m}(F_i - m_i \ddot{x}_i)\delta x_i = 0 \tag{4·37}$$

と表すことができる．そこで，微小変位 δx_i を取る前に，位置変数の間に h 個の束縛条件

$$f_l(x_1, \cdots, x_m) = 0, \qquad l = 1, \cdots, h \tag{4·38}$$

があるとしよう．前節で述べた倒立振り子の例では，$x_1 = x_1$, $x_2 = x_2$, $x_3 = y_2$, $x_4 = \theta$ とおけば，式(4·30)の拘束を与える式が式(4·38)のように表されていることに気づく．数学でよく知られているように，全微分の公式によって，微小変位は

$$\delta f_l = \sum_{i=1}^{m} \frac{\partial f_l}{\partial x_i} \delta x_i = 0, \quad l = 1, 2, \cdots, h \tag{4·39}$$

を満たさねばならない．この式に適当な乗数 λ_l を掛けても 0 であり，それらを l について和をとっても 0 であるから

$$\sum_{i=1}^{m}\left(F_i - m_i \ddot{x}_i + \sum_{l=1}^{h} \lambda_l \frac{\partial f_l}{\partial x_i}\right) \delta x_i = 0 \tag{4·40}$$

が成立する．ここで，m 個の δx_i は h 個の束縛条件を満たさねばならないので，すべてが独立に取れるわけではない．独立に選べる微小変位の数は $(m-h)$ 個であり，残りの h 個は式(4·38)を用いて始めの $(m-h)$ 個の δx_i の関係式として表されなければならない．そこで，通し番号をつけ換えて，独立ではない h 個を

$j = 1, \cdots, h$ に選ぶことにし，未定であった λ_l を

$$F_i = m_i \ddot{x}_i + \sum_{l=1}^{h} \lambda_l \frac{\partial f_l}{\partial x_i} = 0, \quad i = 1, \cdots, h \tag{4.41}$$

が満たされるように選ぶ．そのとき，残りの式は

$$\sum_{i=h+1}^{m} \left(F_i - m_i \ddot{x}_i + \sum_{l=1}^{h} \lambda_l \frac{\partial f_l}{\partial x_i} \right) \delta x_i = 0 \tag{4.42}$$

と表される．$(m-h)$ 個の微小変位は独立に選べるので，式(4.42)の左辺の和の中の $(m-h)$ 個の括弧の中身はそれぞれが 0 でなければならない．すなわち，式

$$F_i - m_i \ddot{x}_i + \sum_{i=1}^{h} \lambda_l \frac{\partial f_l}{\partial x_i} = 0, \quad i = h+1, \cdots, m \tag{4.43}$$

が成立する．こうして，式(4.41)と(4.43)をまとめると，すべての i に対して

$$m_i \ddot{x}_i = F_i + \sum_{l=1}^{h} \lambda_l \frac{\partial f_l}{\partial x_i}, \quad i = 1, \cdots, m \tag{4.44}$$

が成立する．これを**第一種のラグランジュ運動方程式**（Lagrange's equation of motion of the first kind）と呼ぶことがある．

前節で検討したカートと倒立振り子から構成される力学系について，第一種のラグランジュ運動方程式を求めてみよう．図4.8を見ると，独立な位置変数は x_1 と θ であり，x_2 と y_2 は独立ではなく，式(4.30)で記述したような束縛を受けている．式(4.30)が式(4.32)に対応するので，拘束式を改めて

$$\begin{cases} f_1(x_1, \theta, x_2, y_2) = x_2 - x_1 - l\sin\theta = 0 \\ f_2(x_1, \theta, x_2, y_2) = y_2 - h - l\cos\theta = 0 \end{cases} \tag{4.45}$$

と書くことにする．そして式(4.39)を求めると

> **Note**

● 4章　仮想仕事とダランベールの原理

$$\begin{cases} \delta f_1 = -1 \cdot \delta x_1 - l\cos\theta \cdot \delta\theta + 1 \cdot \delta x_2 = 0 \\ \delta f_2 = l\sin\theta \cdot \delta\theta + 1 \cdot \delta y_2 = 0 \end{cases} \quad (4 \cdot 46)$$

となるが，δf_1 に乗数 λ_1 を掛け，δf_2 に λ_2 を掛けてダランベールの原理を示す式(4·25)に足し込むと

$$\{-I\ddot{\theta} - \lambda_1 l\cos\theta + \lambda_2 l\sin\theta\}\delta\theta + \{F - \lambda_1 - M\ddot{x}_1\}\delta x_1$$
$$+ \{\lambda_1 - m\ddot{x}_2\}\delta x_2 + \{-mg + \lambda_2 - m\ddot{y}_2\}\delta y_2 = 0 \quad (4 \cdot 47)$$

となる．これと式(4·29)を比較してみると，両者が一致するには

$$\lambda_1 = H, \qquad \lambda_2 = V \quad (4 \cdot 48)$$

でなければならないことがわかる．前節の図 4·9 で示した抗力の水平分力 H は λ_1 に，垂直分力 V は λ_2 に対応する．この λ_1, λ_2 は**ラグランジュ乗数**（Lagrange's multiplier）と呼ばれるが，それらは，物理的には，抗力のカーテシアン座標成分であると考えられるのである．第一種のラグランジュ運動方程式(4·47)の四つの括弧 { } のうち，δx_2 と δy_2 は独立ではないので，最後の二つの { } が 0 になるように λ_1, λ_2 を決めなければならない．すなわち

$$\lambda_1 = m\ddot{x}_2, \qquad \lambda_2 = mg + m\ddot{y}_2 \quad (4 \cdot 49)$$

である．一方，式(4·47)の $\delta\theta$ と δx_1 は独立に取れるので，それぞれにかかる { } の中は 0 にならねばならない．これらの { } の中の λ_1, λ_2 に式(4·49)を代入すると

$$\begin{cases} I\ddot{\theta} + (l\cos\theta)m\ddot{x}_2 - (l\sin\theta)m\ddot{y}_2 = (l\sin\theta)mg \\ M\ddot{x}_1 + m\ddot{x}_2 = F \end{cases} \quad (4 \cdot 50)$$

を得る．

得られた運動方程式(4·50)は中途半端である．なぜなら，独立でない変数 x_2, y_2 に関する物理量 $\ddot{x}_2$, $\ddot{y}_2$ が入ったままになっている．ところで，速度変数 $\dot{x}_2$, $\dot{y}_2$ と独立変数の速度 $\dot{\theta}$, $\dot{x}_1$ との間には依存関係があって，それは式(4·34)で表さ

れている．この式を式(4·45)について求めてみると

$$\begin{pmatrix} \dot{x}_2 \\ \dot{y}_2 \end{pmatrix} = \begin{pmatrix} \partial x_2/\partial x_1 & \partial x_2/\partial \theta \\ \partial y_2/\partial x_1 & \partial y_2/\partial \theta \end{pmatrix} \begin{pmatrix} \dot{x}_1 \\ \dot{\theta} \end{pmatrix}$$

$$= \begin{pmatrix} 1 & l\cos\theta \\ 0 & -l\sin\theta \end{pmatrix} \begin{pmatrix} \dot{x}_1 \\ \dot{\theta} \end{pmatrix} \tag{4·51}$$

となる．両辺を時間 t で微分することにより，加速度 $\ddot{x}_2, \ddot{y}_2$ は次のように求まる．

$$\begin{cases} \ddot{x}_2 = \ddot{x}_1 + l\ddot{\theta}\cos\theta - l\dot{\theta}^2\sin\theta \\ \ddot{y}_2 = -l\ddot{\theta}\sin\theta - l\dot{\theta}^2\cos\theta \end{cases} \tag{4·52}$$

これらを式(4·50)に代入することにより，倒立振り子系の運動方程式が次のように求まる．

$$\begin{cases} (I + ml^2)\ddot{\theta} + (ml\cos\theta)\ddot{x}_1 = mlg\sin\theta \\ (M + m)\ddot{x}_1 + (ml\cos\theta)\ddot{\theta} - (ml\sin\theta)\dot{\theta}^2 = F \end{cases} \tag{4·53}$$

最後に，式(4·53)の右辺に現れているベクトル $(mlg\sin\theta, F)^\top$ について説明しておこう．この項は，そもそも式(4·40)の中に現れる項 $\sum F_i \delta x_i$ に由来する．これは，全微分の公式

$$\delta x_i = \sum_{j=1}^{n} \frac{\partial x_i}{\partial q_j} \delta q_j, \qquad i = 1, \cdots, m \tag{4·54}$$

を用いると

$$\sum_{i=1}^{m} F_i \delta x_i = \sum_{i=1}^{m} \sum_{j=1}^{n} \left(F_i \frac{\partial x_i}{\partial q_j} \right) \delta q_j$$

$$= \sum_{j=1}^{n} \left(\sum_{i=1}^{m} F_i \frac{\partial x_i}{\partial q_j} \right) \delta q_j \tag{4·55}$$

と表すことができる．そこで

Note

● 4章　仮想仕事とダランベールの原理

$$Q_j = \sum_{i=1}^{m} F_i \frac{\partial x_i}{\partial q_j} = \left(\frac{\partial \boldsymbol{x}}{\partial q_j}\right)^\top \boldsymbol{F} \tag{4・56}$$

と置いて，これを一般化座標 q_j に対応して，**一般化力**（Generalized force）と呼ぶ．

カートと倒立振り子からなる力学系（図 4・8）の例では，ダランベールの原理を示す式が式(4・47)で表されているので，外力の項を抜き出し，$y_2 = h + l\cos\theta$ であることを用いると

$$\begin{aligned}F\delta x_1 - mg\delta y_2 &= F\delta x_1 + mg(l\sin\theta)\delta\theta \\ &= (mlg\sin\theta, F)\begin{pmatrix}\delta\theta \\ \delta x_1\end{pmatrix}\end{aligned} \tag{4・57}$$

となる．独立な一般化位置座標 (θ, x_1) に対応する一般化力は $(mlg\sin\theta, F)$ で表され，これが運動方程式(4・53)の右辺に現れていることに注意しておきたい．

4.5　変分学の基礎とオイラーの方程式

Calculus of Variation and Euler's Equation

　本章では，ニュートンの運動の法則から，仮想仕事（仮想変位）の原理が導かれた．次章では，ラグランジュの運動方程式を一般的な形式で導き，ハミルトンの原理が成立することを述べるが，これらも**変分原理**（Principle of variation）と呼ばれる法則の一形式である．本節では，変分原理の物理的意味を理解するために，**変分学**（Calculus of variation）の基礎を与え，**オイラーの方程式**を導いておこう．

　光は所要時間が最短になる経路を選んで到達することは，**フェルマーの原理**（Fermat's principle）として，よく知られている．もっと簡単な，2次元平面上の2点 P_1，P_2 を結ぶ曲線の中で長さを最小にするものを見出す問題を考えてみる．図 **4・10** に示すように，2次元のカーテシアン座標系を用いて任意の曲線を $y = f(x)$ で表すとき，$x = a$ から $x = b$ までの曲線の長さを求めたい．図 4・10 に示す曲線の微小部分を斜辺に取った直角三角形から，斜辺部の長さ δs は

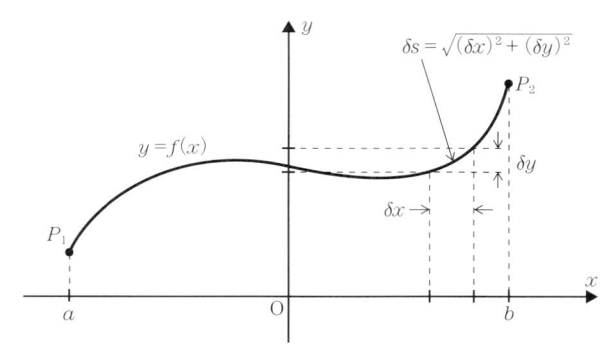

図4·10　2点 P_1, P_2 を結ぶ曲線の長さを求める

$$\delta s = \sqrt{(\delta x)^2 + (\delta y)^2} \tag{4·58}$$

と表されるので，曲線の $x = a$ から $x = b$ までの長さは

$$I[f(x)] = \int_a^b \mathrm{d}s = \int_a^b \sqrt{1 + \left(\frac{\mathrm{d}f}{\mathrm{d}x}\right)^2}\, \mathrm{d}x \tag{4·59}$$

で表される．ここで，$y' = \mathrm{d}f(x)/\mathrm{d}x$ と書くことにすると

$$I[f] = \int_a^b \sqrt{1 + (y')^2}\, \mathrm{d}x \tag{4·60}$$

と表される．問題は，この積分の値を最小にするような曲線 $y = f(x)$ を求めること，となる．

もう一つ，力学の歴史でよく出てくる**ブラキストクローン問題**（**最速降下線問題**, Brachistochrone problem）を取り上げてみよう．高さが上にある点 O から下にある点 P に至る曲線の中で，最初は O で静止している質点が，重力の作用でころがり，P に至るとして，その間に要する時間を最小にするものは何か．図 **4·11** に示すように，点 O を原点とした2次元カーテシアン座標系 O-xy で曲線を $y = f(x)$ で表すと，質点は高さが x だけ下がるとき，速さ $\sqrt{2gx}$ をもつ（1.5節参照）．したがって，質点が曲線の微小な長さ $\mathrm{d}s$ をもつ部分をすべるのに要する時間は

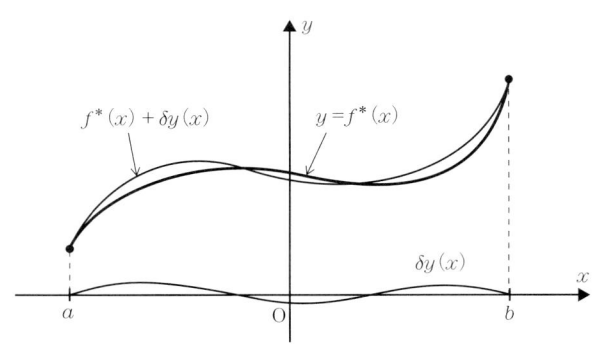

図4·11 変分 $\delta y(x)$ の取り方

$$dt = \frac{ds}{\sqrt{2gx}} = \sqrt{\frac{dx^2 + dy^2}{2gx}} = \sqrt{\frac{1+(y')^2}{2gx}}\,dx \tag{4·61}$$

となり，問題は積分

$$I[f] = \int_0^c \sqrt{\frac{1+(y')^2}{2gx}}\,dx \tag{4·62}$$

を最小にする曲線 $y = f(x)$ を求めること，となる．ここに，c は目標点 P の x 座標とする．

これら二つの例では，被積分関数に y は直接は入っていなかったが，一般には，x，$y(x)$，$y'(x)$ のある関数 $F(x, y, y')$ に対して指定した区間にわたる積分値

$$I[f] = \int_a^b F(x, y, y')\,dx \tag{4·63}$$

を最小にする関数（曲線）$y = f(x)$ を求める方法を**変分法**，あるいは，**変分学** (Calculus of variation) と呼ぶ．また，式(4·63)の積分の値は $y = f(x)$ の選び方によって変わるので，$I[f]$ を**汎関数** (Functional) という．一般に，関数が極大値や極小値を取るところでは，その微分値はゼロになることはよく知られている．汎関数の場合，それが極小値（**停留値** (Extremal) ということもある）をとるとき，汎関数の差

$$\delta I = I[f(x)] - I[f^*(x)] \tag{4·64}$$

は 0 になることが必要条件になる．ここに $y = f^*(x)$ が $I[f]$ の極小値を与える目標の関数としたとき，$f^*(x)$ の近傍で任意の $y = f(x)$ について取った式(4·64)の δI のことを**変分**（Variation）という．問題は変分をどのように求めるかであろう．

さて，$I[f]$ の極小値を与える $y = f^*(x)$ の近くに微小変位 $\delta y(x)$ とその微分 $\delta y'(x)$ を取ってみよう（図 4·11）．すなわち

$$f(x) = f^*(x) + \delta y(x), \qquad f'(x) = \frac{\mathrm{d}f^*(x)}{\mathrm{d}x} + \delta y'(x) \tag{4·65}$$

と表してみる．一般に δy と $\delta y'$ が微小ならば

$$F(x, y + \delta y, y' + \delta y') = F(x, y, y') + \frac{\partial F}{\partial y}\delta y + \frac{\partial F}{\partial y'}\delta y' \tag{4·66}$$

が成立するので，このことを参照しながら，変分を求めると

$$\begin{aligned}\delta I &= I[f] - I[f^*] \\ &= \int_a^b \left\{F(x, y + \delta y, y' + \delta y') - F(x, y, y')\right\} \mathrm{d}x \\ &= \int_a^b \left(\frac{\partial F}{\partial y}\delta y + \frac{\partial F}{\partial y'}\delta y'\right) \mathrm{d}x\end{aligned} \tag{4·67}$$

となることがわかる．ここで $\delta y' = \mathrm{d}(\delta y)/\mathrm{d}x$ と表すことにしている．そこで，被積分項の $\delta y'$ に部分積分法を適用すると

$$\int_a^b \frac{\partial F}{\partial y'}\delta y' \mathrm{d}x = \left[\frac{\partial F}{\partial y'}\delta y\right]_a^b - \int_a^b \frac{\mathrm{d}}{\mathrm{d}x}\left(\frac{\partial F}{\partial y'}\right)\delta y\, \mathrm{d}x \tag{4·68}$$

となることがわかる．ここで δy は両端 $x = a$, $x = b$ でゼロになるように選ぶとすると，上の式の右辺第一項はゼロになる．このことに注意して，式(4·68)を式(4·67)に代入すると，変分

$$\delta I = \int_a^b \left[\frac{\partial F}{\partial y} - \frac{\mathrm{d}}{\mathrm{d}x}\left(\frac{\partial F}{\partial y'}\right)\right]\delta y\, \mathrm{d}x \tag{4·69}$$

が求まる．ここで微小変位は両端で 0 になることと，微分 $\delta y'$ も滑らかな曲線に

Note

なることとした以外は自由に取れる微小量なので，$y = f^*(x)$ で $I[f]$ が極小値を取るためには，式 (4·69) の括弧 [ ] の中が任意の $x \in (a, b)$ で 0 にならねばならない[†6]．こうして $y = f^*(x)$ は式

$$\frac{\mathrm{d}}{\mathrm{d}x}\left(\frac{\partial F}{\partial y'}\right) - \frac{\partial F}{\partial y} = 0, \qquad x \in (a, b) \tag{4·70}$$

を満足しなければならない．これを**オイラーの方程式** (Euler's equation) という．

始めに考察した 2 点 P_1, P_2 を結ぶ最短経路問題を再考してみよう．この場合，$F = \sqrt{1 + (y')^2}$ と表されるので

$$\frac{\partial F}{\partial y} = 0, \qquad \frac{\partial F}{\partial y'} = \frac{y'}{\sqrt{1 + (y')^2}} \tag{4·71}$$

である．これを式 (4·70) に代入すれば，オイラーの方程式は，この場合

$$\frac{\mathrm{d}}{\mathrm{d}x}\left(\frac{y'}{\sqrt{1 + (y')^2}}\right) = 0 \tag{4·72}$$

となる．これより

$$\frac{y'}{\sqrt{1 + (y')^2}} = 定数, \qquad y'(x) = 一定 = c \tag{4·73}$$

となり，$y(x)$ は直線の式 $y = cx + d$ で表されることになる．定数 c, d は 2 点 P_1, P_2 の $x = a$, $x = b$ における y の値によって決まるが，この関係式を **2 点境界条件** (Two-point boundary value condition) という．

最速降下線問題を再考してみよう．この場合，汎関数の定数倍は問題の本質には関係しないので，$F = \sqrt{(1 + (y')^2)/x}$ と置くと，$\partial F/\partial y = 0$ なので，オイラーの方程式は

$$\frac{\mathrm{d}}{\mathrm{d}x}\sqrt{\frac{(y')^2}{x(1 + (y')^2)}} = 0, \qquad \frac{(y')^2}{x(1 + (y')^2)} = 一定 \tag{4·74}$$

となる．右辺の一定の定数を $1/2a$ と置くと

$$\frac{\mathrm{d}y}{\mathrm{d}x} = \sqrt{\frac{x}{2a - x}} \tag{4·75}$$

となる．この微分方程式が表す曲線は，y 軸に沿ってころがる半径 a の円周上の1点が描く**サイクロイド**（Cycloid）であり，θ を回転角とすれば

$$x = a(1 - \cos\theta), \qquad y = a(\theta - \sin\theta) \tag{4.76}$$

と表される（本章の演習問題 4 参照）．

Note

†6 汎関数 $I[f]$ が $f = f^*(x)$ で極小になるならば，式(4.64)で表される変分はゼロでなければならない．すなわち，式(4.69)の左辺はゼロでなければならない．詳しく言えば，式(4.70)が成立しないと，適当な δy を選んで式(4.69)の右辺を正か負の値のどちらでも取れるようにできる．その結果，$I[f^*]$ が極小値になることに矛盾する．

理解度 Check

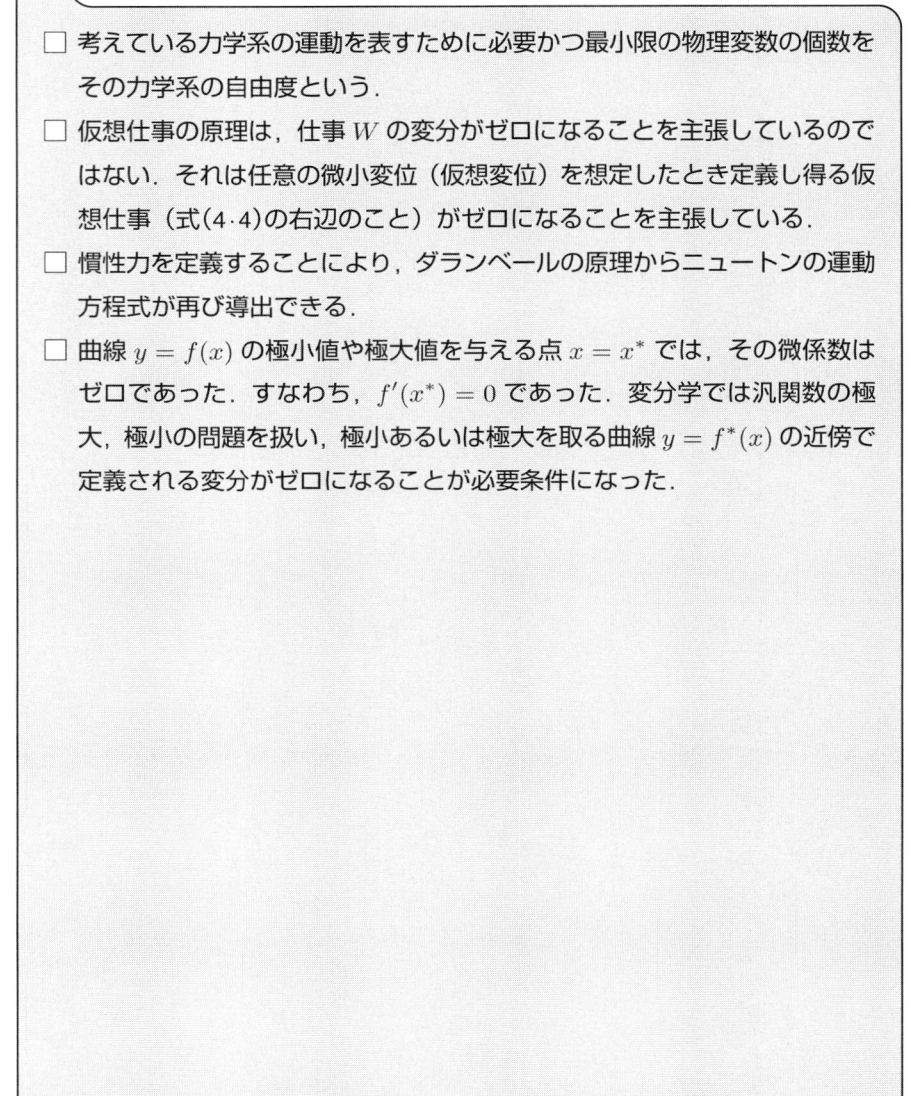

- □ 考えている力学系の運動を表すために必要かつ最小限の物理変数の個数をその力学系の自由度という．
- □ 仮想仕事の原理は，仕事 W の変分がゼロになることを主張しているのではない．それは任意の微小変位（仮想変位）を想定したとき定義し得る仮想仕事（式(4·4)の右辺のこと）がゼロになることを主張している．
- □ 慣性力を定義することにより，ダランベールの原理からニュートンの運動方程式が再び導出できる．
- □ 曲線 $y = f(x)$ の極小値や極大値を与える点 $x = x^*$ では，その微係数はゼロであった．すなわち，$f'(x^*) = 0$ であった．変分学では汎関数の極大，極小の問題を扱い，極小あるいは極大を取る曲線 $y = f^*(x)$ の近傍で定義される変分がゼロになることが必要条件になった．

Training 演習問題

1 図 4·1 に示す単振り子について，糸の長さが l〔m〕であることを束縛条件とすることで，糸の張力を導出せよ．

2 図 4·3 に示す剛体振り子の運動方程式を求めよ．ここに，剛体の質量中心から回転中心 O までの距離を l，剛体の質量を m，その z 軸まわりの慣性モーメントを I とせよ．

3 曲線を表す関数 $y(x)$ とその導関数 $y'(x)$ に関する関数

$$F(x, y, y') = \frac{ml^2}{2}(y'(x))^2 - mgl(1 - \cos y(x))$$

の積分

$$\int_{-a}^{a} F(x, y, y')\,\mathrm{d}x = I[y]$$

を汎関数としたとき，これが極値を取るための必要条件を求めよ（オイラーの方程式を求めよ）．

4 微分方程式 (4·75) の解を xy 平面上の曲線で表すと，それは助変数（パラメータ）θ を用いた式 (4·76) で表現できることを示せ．

5章 ラグランジュの運動方程式

Lagrange's Equation of Motion

学習のPoint

- 本章ではラグランジュの運動方程式を学ぶ．対象とする力学系の運動は，一般化位置座標と一般化速度ベクトルの関数として運動エネルギーとポテンシャルが求まると，ラグランジュの運動方程式によって表されることになる．この考え方は，質点系と剛体が幾何拘束を受けている場合にも，ラグランジュ乗数を導入することによって拡張できる．オイラーの方程式とラグランジュの運動方程式の類似性に着目すると，ハミルトンの原理や最小作用の原理が理解しやすくなる．また，工学系で見られるように，外力として制御入力が入る場合の力学系の運動方程式表現には，ダランベールの原理に基づく変分原理の形式が役に立つ．

5.1 ラグランジュの運動方程式

Lagrange's Equation of Motion

ダランベールの原理からラグランジュの運動方程式を導く．一般化位置座標を $\boldsymbol{q} = (q_1, \cdots, q_n)^\top$ で表し，仮想変位は $\delta\boldsymbol{q} = (\delta q_1, \cdots, \delta q_n)^\top$ で表す．4.4節で導いた式(4·37)はダランベールの原理そのものを表すが，そこで用いられる x_i は $\boldsymbol{q}$ と t の関数 $x_i = x_i(\boldsymbol{q}, t)$ であると考えると，その微分は

$$\dot{x}_i = \frac{\partial x_i}{\partial t} + \sum_{j=1}^{n} \frac{\partial x_i}{\partial q_j} \dot{q}_j, \qquad i = 1, \cdots, m \tag{5·1}$$

と表されることに注意しよう[†1]．この式の両辺を $\dot{q}_j$ で偏微分することにより

$$\frac{\partial \dot{x}_i}{\partial \dot{q}_j} = \frac{\partial x_i}{\partial q_j} \tag{5·2}$$

が成立する．今度は式(5·1)を q_j で偏微分すると

$$\begin{aligned}
\frac{\partial \dot{x}_i}{\partial q_j} &= \sum_{k=1}^{n} \frac{\partial^2 x_i}{\partial q_j \partial q_k} \dot{q}_k + \frac{\partial^2 x_i}{\partial q_j \partial t} \\
&= \sum_{k=1}^{n} \frac{\partial}{\partial q_k} \left(\frac{\partial x_i}{\partial q_j} \right) \dot{q}_k + \frac{\partial}{\partial t} \left(\frac{\partial x_i}{\partial q_j} \right) \\
&= \frac{\mathrm{d}}{\mathrm{d}t} \left(\frac{\partial x_i}{\partial q_j} \right)
\end{aligned} \tag{5·3}$$

となる．また，$\dot{x}_i{}^2$ を $\dot{q}_j$ で偏微分したものを t で微分すると，等式(5·2)と式(5·3)を用いて，

$$\begin{aligned}
\frac{\mathrm{d}}{\mathrm{d}t}\left(\frac{\partial \dot{x}_i{}^2}{\partial \dot{q}_j} \right) &= \frac{\mathrm{d}}{\mathrm{d}t}\left(2\dot{x}_i \frac{\partial \dot{x}_i}{\partial \dot{q}_j} \right) \\
&= 2\ddot{x}_i \frac{\partial x_i}{\partial q_j} + 2\dot{x}_i \frac{\mathrm{d}}{\mathrm{d}t}\left(\frac{\partial \dot{x}_i}{\partial \dot{q}_j} \right) \\
&= 2\ddot{x}_i \frac{\partial x_i}{\partial q_j} + 2\dot{x}_i \frac{\mathrm{d}}{\mathrm{d}t}\left(\frac{\partial x_i}{\partial q_j} \right) \\
&= 2\ddot{x}_i \frac{\partial x_i}{\partial q_j} + \frac{\partial \dot{x}_i^2}{\partial q_j}
\end{aligned} \tag{5·4}$$

となることがわかる．ここでダランベールの原理を表す式(4·37)の $m_i \ddot{x}_i \delta x_i$ の総

和の項を次のように書き直す.

$$\sum_{i=1}^{m} m_i \ddot{x}_i \delta x_i = \sum_{i=1}^{m} m_i \ddot{x}_i \sum_{j=1}^{n} \frac{\partial x_i}{\partial q_j} \delta q_j$$

$$= \sum_{j=1}^{n} \left(\sum_{i=1}^{m} m_i \ddot{x}_i \frac{\partial x_i}{\partial q_j} \right) \delta q_j \tag{5.5}$$

これは,式(5.4)を用いると次のように書き直せる.

$$\sum_{i=1}^{m} m_i \ddot{x}_i \delta x_i = \sum_{j=1}^{n} \left[\sum_{i=1}^{m} \left\{ \frac{1}{2} m_i \frac{\mathrm{d}}{\mathrm{d}t} \left(\frac{\partial \dot{x}_i^2}{\partial \dot{q}_j} \right) - \frac{1}{2} m_i \frac{\partial \dot{x}_i^2}{\partial q_j} \right\} \right] \delta q_j$$

$$= \sum_{j=1}^{n} \left\{ \frac{\mathrm{d}}{\mathrm{d}t} \left(\frac{\partial K}{\partial \dot{q}_j} \right) - \frac{\partial K}{\partial q_j} \right\} \delta q_j \tag{5.6}$$

ここで,最後の等式を導く際に運動エネルギーが

$$K = \frac{1}{2} \sum_{i=1}^{m} m_i \dot{x}_i^2 \tag{5.7}$$

で表されることを用いた.また,式(4.37)における $F_i \delta x_i$ の総和は,式(4.55)で示したように

$$\sum_{i=1}^{m} F_i \delta x_i = \sum_{j=1}^{n} Q_j \delta q_j \tag{5.8}$$

で表される.ここに Q_j は式(4.56)に示す一般化力である.ここで式(5.8)から式(5.6)を差し引きすれば,式(4.37)が,結局,次のように表されることがわかる.

$$\sum_{j=1}^{n} \left\{ Q_j - \frac{\mathrm{d}}{\mathrm{d}t} \left(\frac{\partial K}{\partial \dot{q}_j} \right) + \frac{\partial K}{\partial q_j} \right\} \delta q_j = 0 \tag{5.9}$$

ここで,力 F_i が保存力であり,ポテンシャル U によって

$$F_i = -\frac{\partial U}{\partial x_i} \tag{5.10}$$

Note

†1 ここでは,x_i が $q_1, \cdots, q_n$ のみではなく,時間 t にも依存している場合も取り扱っている.この点が式(4.34)と式(5.1)の相違に現れるが,議論の本質は大きくは変わらない.式(5.2)は式(4.36)と同じになることにも注意.

● 5章　ラグランジュの運動方程式

と表される場合を考えよう（1.4節参照）[†2]．このとき，一般化力は，式(4·56)から

$$Q_j = \sum_{i=1}^{m}\left(-\frac{\partial U}{\partial x_i}\right)\frac{\partial x_i}{\partial q_j} = -\frac{\partial U}{\partial q_j} \tag{5·11}$$

と表される．ポテンシャル U は速度変数に依らないので，$\dot{q}_j$ を含まず

$$\frac{\partial(K-U)}{\partial \dot{q}_j} = \frac{\partial K}{\partial \dot{q}_j} \tag{5·12}$$

である．この $K-U$ は $t,\ \boldsymbol{q},\ \dot{\boldsymbol{q}}$ に依存する関数なので

$$L(\boldsymbol{q},\dot{\boldsymbol{q}},t) = K - U \tag{5·13}$$

と置けば，式(5·9)は

$$\sum_{j=1}^{n}\left\{\frac{\mathrm{d}}{\mathrm{d}t}\left(\frac{\partial L}{\partial \dot{q}_j}\right) - \frac{\partial L}{\partial q_j}\right\}\delta q_j = 0 \tag{5·14}$$

と表される．いま考えている力学系に対して，仮想変位 $\delta q_1,\cdots,\delta q_n$ が独立に選べるとすると，式(5·14)が任意の δq_j で成立せねばならないので

$$\frac{\mathrm{d}}{\mathrm{d}t}\left(\frac{\partial L}{\partial \dot{q}_j}\right) - \frac{\partial L}{\partial q_j} = 0, \qquad j=1,\cdots,n \tag{5·15}$$

が成立する．これが目的の**ラグランジュの運動方程式**（Lagrange's equation of motion）である．また，式(5·13)で定義した $\boldsymbol{q},\ \dot{\boldsymbol{q}},\ t$ のスカラ関数 L のことを**ラグランジアン**（Lagrangian）と呼ぶ．

例として，図4·8に示すカートと倒立振り子から構成される力学系の運動方程式を導出してみよう．図4·8に示すカーテシアン座標系との振り子の傾き角 θ を用いて，全体系の運動エネルギーとポテンシャルを求めると

$$\begin{cases} K = \dfrac{1}{2}M\dot{x}_1{}^2 + \dfrac{1}{2}m(\dot{x}_2{}^2 + \dot{y}_2{}^2) + \dfrac{1}{2}I\dot{\theta}^2 \\ U = mgh + mgy_2 \end{cases} \tag{5·16}$$

で表される．ここで一般化位置座標 (x_1,θ) を用いると，$x_2 = x_1 + l\sin\theta$，$y_2 = l\cos\theta + h$ と表されるので，K と U は (x_1,θ) と $(\dot{x}_1,\dot{\theta})$ のみを用いて次のように表される．

5.1 ラグランジュの運動方程式

$$K = \frac{M}{2}\dot{x}_1{}^2 + \frac{m}{2}\left\{(\dot{x}_1 + l\dot{\theta}\cos\theta)^2 + (-l\dot{\theta}\sin\theta)^2\right\} + \frac{I}{2}\dot{\theta}^2$$

$$= \frac{1}{2}(M+m)\dot{x}_1{}^2 + \frac{1}{2}(I+ml^2)\dot{\theta}^2 + ml\dot{x}_1\dot{\theta}\cos\theta \tag{5・17}$$

$$U = 2mgh + mgl\cos\theta \tag{5・18}$$

この例題では，カートを押す外力 F は働いていない場合を考える．そこでラグランジアン $L = K - U$ に基づいてラグランジュの運動方程式を求めると，

$$\begin{cases} \dfrac{\mathrm{d}}{\mathrm{d}t}\left(\dfrac{\partial L}{\partial \dot{x}_1}\right) - \dfrac{\partial L}{\partial x_1} = \dfrac{\mathrm{d}}{\mathrm{d}t}\left\{(M+m)\dot{x}_1 + ml\dot{\theta}\cos\theta\right\} = 0 \\ \dfrac{\mathrm{d}}{\mathrm{d}t}\left(\dfrac{\partial L}{\partial \dot{\theta}}\right) - \dfrac{\partial L}{\partial \theta} = \dfrac{\mathrm{d}}{\mathrm{d}t}\left\{(I+ml^2)\dot{\theta} + ml\dot{x}_1\cos\theta\right\} \\ \qquad\qquad\qquad\qquad\qquad + ml\dot{x}_1\dot{\theta}\sin\theta - mgl\sin\theta = 0 \end{cases} \tag{5・19}$$

となる．これは式 (4・53) の $F = 0$ としたときの式に一致することを確かめられたい．外力 F が存在する場合は 5.4 節で述べる．

次の例題として，図 5・1 に示すように，単振り子の支点 P が水平方向に移動

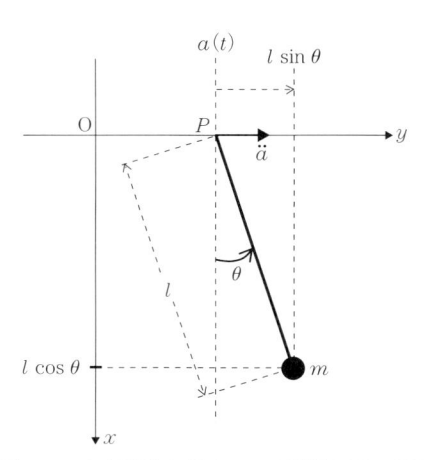

図 5・1 支点移動を受けている単振り子の運動

Note

†2 保存力については 1.4 節の式 (1・74)，あるいは式 (1・75) を参照のこと．式 (1・74) については，$x_1 = x$, $x_2 = y$ とすれば，$\boldsymbol{r} = (x, y)^\top$ なので
$$F_i = -(\partial U/\partial x_i) = -m\boldsymbol{g}^\top(\partial \boldsymbol{r}/\partial x_i)$$
となり，結局，$F_{x_1} = F_x = 0$, $F_{x_2} = F_y = -mg$ となる．力 $\boldsymbol{F}$ は $\boldsymbol{F} = (F_x, F_y)^\top = (0, -mg)^\top = -m\boldsymbol{g}$ となる．

● 5章　ラグランジュの運動方程式

しているときの運動方程式を求めてみよう．支点 P の y 軸上の位置を $a(t)$ で表し，移動速度を $\dot{a}(t)$，加速度を $\ddot{a}(t)$ とする．この例は 5.5 節で述べる天井走行型クレーンの例の基本にもなる．振り子の糸の長さを l，傾き角を θ とすると，質点 m の位置は

$$x = l\cos\theta, \qquad y = l\sin\theta + a(t) \tag{5.20}$$

で表される．これらを時間 t で微分すると

$$\dot{x} = -l\dot{\theta}\sin\theta, \qquad \dot{y} = l\dot{\theta}\cos\theta + \dot{a}(t) \tag{5.21}$$

となるから，運動エネルギーは

$$K = \frac{m}{2}l^2\dot{\theta}^2 + ml\dot{\theta}\dot{a}(t)\cos\theta + \frac{m}{2}\{\dot{a}(t)\}^2 \tag{5.22}$$

と表される．ポテンシャルは

$$U = -mgx = -mlg\cos\theta \tag{5.23}$$

である．こうしてラグランジアン $L = K - U$ を構成すると，$q_1 = \theta$, $\dot{q}_1 = \dot{\theta}$ と考えて（この系は 1 自由度である）

$$\begin{aligned}\frac{\mathrm{d}}{\mathrm{d}t}\left(\frac{\partial L}{\partial \dot{\theta}}\right) &= \frac{\mathrm{d}}{\mathrm{d}t}(ml^2\dot{\theta} + ml\dot{a}(t)\cos\theta) \\ &= ml^2\ddot{\theta} - ml\dot{a}(t)\dot{\theta}\sin\theta + ml\ddot{a}(t)\cos\theta\end{aligned} \tag{5.24}$$

$$-\frac{\partial L}{\partial \theta} = ml\dot{\theta}\dot{a}(t)\sin\theta + mlg\sin\theta \tag{5.25}$$

が求まる．こうして，ラグランジュの運動方程式(5.15)から，式(5.24)と式(5.25)を足し合わせ，係数 ml^2 で割ることにより，運動方程式

$$\ddot{\theta} + \frac{g}{l}\sin\theta = -\frac{\ddot{a}(t)}{l}\cos\theta \tag{5.26}$$

が求まる．この例では，ラグランジアン $L\,(= K - U)$ が時間変数 t が陽に入る形式，$L = L(q_1, \dot{q}_1, t)$，で表されていることに注意されたい．

この例で，傾き角 θ が小さく，$\sin\theta \doteqdot \theta$, $\cos\theta \doteqdot 1$ と近似でき，$a(t) = A\cos\omega t$ と表されるとき，運動方程式(5.26)は

$$\ddot{\theta} + \frac{g}{l}\theta = \frac{A\omega^2}{l}\cos\omega t \tag{5.27}$$

と表される．これはよく知られた強制振動の式にほかならない．式 (5.27) の ω が自由振動の角振動数 $\omega_0 = \sqrt{g/l}$ に近いとき，その解 $\theta(t)$ は時間 t に比例して振幅を大きくする振動になることが知られている[†3]．

5.2 ハミルトンの原理

Hamilton's Principle

4.5 節では変分法の基礎を学び，与えられた汎関数を極小にする曲線はオイラーの方程式を満たさねばならないことを知った．そこで展開された議論は，複数個の関数 $y_1 = f_1(x), y_2 = f_2(x), \cdots, y_n = f_n(x)$ があって（それらは結局は n 次元空間の中の曲線とみなし得る），それらの導関数 $y_1' = f_1'(x), \cdots, y_n' = f_n'(x)$ にも依存する関数

$$F(x, y_1, \cdots, y_n, y_1', \cdots, y_n') \tag{5.28}$$

が与えられたとき，積分

$$I = \int_a^b F(x, y_1, \cdots, y_n, y_1', \cdots, y_n')\,dx \tag{5.29}$$

を極小にする関数 $y_i = f_i(x)$, $i = 1, \cdots, n$，を決める変分問題に，容易に拡張できる．その結果，n 個の連立したオイラーの方程式

$$\frac{d}{dx}\left(\frac{\partial F}{\partial y_i'}\right) - \frac{\partial F}{\partial y_i} = 0, \qquad i = 1, \cdots, n \tag{5.30}$$

が得られる．

ここで，オイラーの方程式 (5.30) とラグランジュの運動方程式 (5.15) を比較すると，両者がそっくりな形式で表されていることに気がつく．実際，記法の違いだけなので，互いに

Note

[†3] このことは，工学的には共振現象として知られている．下記の参考書 *) の 9.4 節を参照のこと．
*) 畠山省四郎，野中謙一郎，釜道紀浩，「ロボット・メカトロニクス教科書　システム制御入門」，オーム社，2010．

$$F \longleftrightarrow L$$
$$x \longleftrightarrow t$$
$$y_i(x) \longleftrightarrow q_i(t)$$
$$y_i'(x) \longleftrightarrow \dot{q}_i(t)$$

と対応させれば，式(5·15)と式(5·30)は同じことになる．このことから，ラグランジュの運動方程式はラグランジアンの任意の固定区間 $[t_0, t_1]$ 上の積分に関する変分がゼロになること，すなわち

$$\begin{aligned}\delta I &= \delta \int_{t_0}^{t_1} L(q_1, \cdots, q_n, \dot{q}_1, \cdots, \dot{q}_n, t)\, \mathrm{d}t \\ &= \int_{t_0}^{t_1} \sum_{i=1}^{n} \left[\frac{\partial L}{\partial q_i} - \frac{\mathrm{d}}{\mathrm{d}t}\left(\frac{\partial L}{\partial \dot{q}_i}\right) \right] \delta q_i \mathrm{d}t \\ &= 0 \end{aligned} \quad (5\cdot 31)$$

から導かれるオイラーの方程式にほかならないことがわかる．ただし，上の積分の上限 t_1 と下限 t_0 は運動の途中のどの時刻でもよい．つまり，ラグランジュの運動方程式に従う運動（ニュートンの運動の法則に従う運動と同じ）は，ラグランジアンの積分

$$I[t_0, t_1] = \int_{t_0}^{t_1} L(q_1, \cdots, q_n, \dot{q}_1, \cdots, \dot{q}_n, t)\, \mathrm{d}t \quad (5\cdot 32)$$

の**停留値**（極小値か，あるいは極大値）を取らせるように実現されることを示している．つまり，実現される運動は式(5·31)を満足するようなものであり，このことを**ハミルトンの原理**（Hamilton's principle）という．

ハミルトンの原理では，普通には，保存力以外の外力の作用がない場合を想定している．また，束縛条件がある場合については5.4節で取り扱う．さらに，外力がある場合に運動方程式を求めるためには，ダランベールの原理に基づく変分原理がよく用いられるのであるが，これは5.5節で述べる．

前節で取り扱った図5·1の力学系は自由度が1であった．図4·4に示した教会の鐘は，力学系として見ると自由度は2となるので，運動方程式の導出は少し面倒になる．しかし，ハミルトンの原理に基づくと，ラグランジュの運動方程式を

導くプロセスは単純，明快になる．まず，図 4·4 の教会の鐘は原理的には**図 5·2** のように表されることに注目しよう．外側の鐘そのものを 1 個の剛体とみなし，それは原点 O を中心に紙面を貫く z 軸まわりに自由回転するとする．そして，剛体の z 軸まわりの慣性モーメントを I，重心（質量中心）と O との間の距離を s_1，振り子の取りつけ点 P と O の間の距離を l_1 とする．また鐘の質量を M，振り子の質量を m とし，振り子を支えるワイヤーの質量は無視する．このとき，振り子の重心の位置 $(x_2, y_2)^\top$ は

$$\begin{cases} x_2 = l_1 \cos\theta_1 + l_2 \cos(\theta_1 + \theta_2) \\ y_2 = l_1 \sin\theta_1 + l_2 \sin(\theta_1 + \theta_2) \end{cases} \tag{5·33}$$

となる．ここに l_2 は図 5·2 に示すように振り子の長さとする．これより，この力学系の運動エネルギーが次のように求まる．

$$K = \frac{I}{2}\dot{\theta}_1{}^2 + \frac{m}{2}\left\{\left(l_1\dot{\theta}_1\sin\theta_1 + l_2(\dot{\theta}_1 + \dot{\theta}_2)\sin(\theta_1 + \theta_2)\right)^2 \right. \\ \left. + \left(l_1\dot{\theta}\cos\theta_1 + l_2(\dot{\theta}_1 + \dot{\theta}_2)\cos(\theta_1 + \theta_2)\right)^2\right\}$$

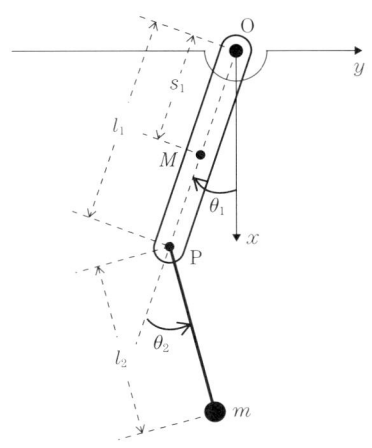

図 5·2　教会の鐘の模式図

Note

$$= \frac{I}{2}\dot{\theta}_1{}^2 + \frac{m}{2}\left\{l_1{}^2\dot{\theta}_1{}^2 + l_2{}^2(\dot{\theta}_1 + \dot{\theta}_2)^2 + 2l_1 l_2 \dot{\theta}_1(\dot{\theta}_1 + \dot{\theta}_2)\cos\theta_2\right\}$$
(5・34)

また,ポテンシャルは

$$U = -Mgs_1\cos\theta_1 - mg\{l_1\cos\theta_1 + l_2\cos(\theta_1 + \theta_2)\} \quad (5\cdot 35)$$

となる.こうして $L = K - U$ と置き,ラグランジュの運動方程式を計算するために L の $\dot{\theta}_1$, $\dot{\theta}_2$ に関する偏微分を求めると

$$\begin{cases} \dfrac{\partial L}{\partial \dot{\theta}_1} = (I + ml_1{}^2 + ml_2{}^2 + 2ml_1 l_2 \cos\theta_2)\dot{\theta}_1 + m(l_2{}^2 + l_1 l_2 \cos\theta_2)\dot{\theta}_2 \\ \dfrac{\partial L}{\partial \dot{\theta}_2} = m(l_2{}^2 + l_1 l_2 \cos\theta_2)\dot{\theta}_1 + ml_2{}^2\dot{\theta}_2 \end{cases}$$
(5・36)

となり,また L の θ_1, θ_2 に関する偏微分を求めると

$$\begin{cases} -\dfrac{\partial L}{\partial \theta_1} = (Ms_1 + ml_1)g\sin\theta_1 + ml_2 g\sin(\theta_1 + \theta_2) \\ -\dfrac{\partial L}{\partial \theta_2} = ml_1 l_2 \dot{\theta}_1(\dot{\theta}_1 + \dot{\theta}_2)\sin\theta_2 + ml_2 g\sin(\theta_1 + \theta_2) \end{cases}$$
(5・37)

となる.式(5・36)を t で微分し,式(5・37)を足し合わすと,ラグランジュの運動方程式は次のようになる.

$$\begin{aligned}&H(\theta_1, \theta_2)\begin{pmatrix}\ddot{\theta}_1 \\ \ddot{\theta}_2\end{pmatrix} - ml_1 l_2\begin{pmatrix}2\dot{\theta}_1\dot{\theta}_2 + \dot{\theta}_2{}^2 \\ -\dot{\theta}_1{}^2\end{pmatrix}\sin\theta_2 \\ &+ g\begin{pmatrix}(Ms_1 + ml_1)\sin\theta_1 + ml_2\sin(\theta_1 + \theta_2) \\ ml_2\sin(\theta_1 + \theta_2)\end{pmatrix} = \begin{pmatrix}0 \\ 0\end{pmatrix}\end{aligned}$$
(5・38)

ここに,左辺の第一項の係数行列は

$$H(\theta_1, \theta_2) = \begin{pmatrix} I + m(l_1{}^2 + l_2{}^2 + 2l_1 l_2\cos\theta_2) & m(l_2{}^2 + l_1 l_2\cos\theta_2) \\ m(l_2{}^2 + l_1 l_2\cos\theta_2) & ml_2{}^2 \end{pmatrix}$$
(5・39)

と表される.

5.3 エネルギー保存の法則と最小作用の原理
Law of Energy Conservation and Principle of Least Action

ニュートンの運動の法則に従う質点系の運動では,エネルギー保存の法則が成り立つ.このことはすでに 1.5 節で学んでいるが,本節では,ラグランジュの運動方程式から直接導かれることを示そう.ただし,ここではラグランジアン L は q, $\dot{q}$ のみの関数であって,時間 t は直接には入っていない場合を考える.このとき,ラグランジアン L を t で微分すると

$$\frac{d}{dt}L = \sum_{i=1}^{n} \frac{\partial L}{\partial q_i} \dot{q}_i + \sum_{i=1}^{n} \frac{\partial L}{\partial \dot{q}_i} \ddot{q}_i \tag{5.40}$$

となる.ラグランジュの運動方程式 (5.15) から $\partial L/\partial q_i$ は $d(\partial L/\partial \dot{q}_i)/dt$ に等しいので,これを式 (5.40) の右辺に代入すると

$$\frac{d}{dt}L = \sum_{i=1}^{n} \left\{ \dot{q}_i \frac{d}{dt}\left(\frac{\partial L}{\partial \dot{q}_i}\right) + \ddot{q}_i \frac{\partial L}{\partial \dot{q}_i} \right\} \tag{5.41}$$

を得る.右辺の括弧 { } の中は,ちょうど

$$\frac{d}{dt}\left\{ \dot{q}_i \left(\frac{\partial L}{\partial \dot{q}_i}\right) \right\} \tag{5.42}$$

を表しているので,式 (5.41) は,結局,次式を表すことになる.

$$\frac{d}{dt}\left\{ \left(\sum_{i=1}^{n} \dot{q}_i \frac{\partial L}{\partial \dot{q}_i} \right) - L \right\} = 0 \tag{5.43}$$

この式は左辺の括弧 { } の中が一定であることを表すので,この定数を E で表すと

$$\left(\sum_{i=1}^{n} \dot{q}_i \frac{\partial L}{\partial \dot{q}_i} \right) - L = E \tag{5.44}$$

Note

●5章　ラグランジュの運動方程式

となる．ここで，$L = K - U$ であり，U は $\dot{q}_i$ に依らず，また K は $\dot{q}_i$ の2次形式で表されるので

$$2K - (K - U) = E \tag{5.45}$$

となる．すなわち

$$K + U = E = \text{constant} \tag{5.46}$$

となる．左辺の $K + U$ をいま考えている力学系の**全エネルギー**（Total energy）というが，式(5.46)は全エネルギーが一定であること，すなわち，ラグランジュの運動方程式から**エネルギー保存の法則**（Law of energy conservation）が成立することが示された．

エネルギー保存の法則（式(5.46)）はラグランジュの運動方程式（式(5.15)）から理論的に導出されたが，その過程で用いた根拠には次の三点があった．

1) ラグランジアン L が $L = K - U$ と表されていること．

2) 運動エネルギー K は $\dot{\boldsymbol{q}}$ の2次形式である．具体的には，ある $n \times n$ の非負定対称行列 $H(\boldsymbol{q}) = (h_{ij}(\boldsymbol{q}))$ があって

$$K = \frac{1}{2}\dot{\boldsymbol{q}}^\top H(\boldsymbol{q})\dot{\boldsymbol{q}} \left(= \sum_{i,j=1}^{n} \frac{1}{2} h_{ij}(\boldsymbol{q})\dot{q}_i\dot{q}_j \right) \tag{5.47}$$

と表されること．

3) ポテンシャル U は $\dot{\boldsymbol{q}}$ には依存せず，$\boldsymbol{q}$ のみの関数であること．

ところで，具体的に与えた力学系に対して導いたラグランジュの運動方程式から，もっと直接的にエネルギー保存の法則は導けないだろうか．例えば，単振り子（図4.1を参照）の運動方程式は，ラグランジアンを $L = K - U = (m/2)l^2\dot{\theta}^2 + mgl\cos\theta$ とすることにより

$$ml^2\ddot{\theta} + mgl\sin\theta = 0 \tag{5.48}$$

と求まった（実際，式(5.26)で $\dot{a}(t) = \text{const}$ の場合に相当する．$\ddot{a}(t) = 0$ なので，式(5.26)の両辺に ml^2 を掛けると式(5.48)になる）．このように具体的に求まっ

たラグランジュの運動方程式 (5·48) に対しては, $\dot{\theta}$ を掛けることにより

$$ml^2\dot{\theta}\ddot{\theta} + mgl\dot{\theta}\sin\theta = 0 \tag{5·49}$$

となるが, これは明らかに

$$\frac{\mathrm{d}}{\mathrm{d}t}\left(\frac{1}{2}ml^2\dot{\theta}^2 - mgl\cos\theta\right) = 0 \tag{5·50}$$

が成立することを示している. この式の括弧 ( ) の中身は全エネルギー $K+U$ を表しているので,

$$K + U = \frac{m}{2}l^2\dot{\theta}^2 - mgl\cos\theta = \text{const.} \tag{5·51}$$

となることが, 具体的に求まる. しかしながら, 自由度 2 の力学系である図 5·2 の教会の鐘の例では, 求まったラグランジュの運動方程式は, 式 (5·38) に示すように, 複雑になり, ここから直接エネルギー保存の法則が見えるようには思えない. そこで, 前述の条件 1) 〜3) を用いて, ラグランジュの運動方程式をもう少し具体的に書き下してみる. 実際, 式 (5·15) は, ベクトルと行列の表記 (式 (5·47)) を用いると, $\partial K/\partial \dot{\boldsymbol{q}} = H(\boldsymbol{q})\dot{\boldsymbol{q}}$ となるので, 次のように表される.

$$\frac{\mathrm{d}}{\mathrm{d}t}(H(\boldsymbol{q})\dot{\boldsymbol{q}}) - \frac{\partial K}{\partial \boldsymbol{q}} + \frac{\partial U}{\partial \boldsymbol{q}} = 0 \tag{5·52}$$

ここで行列 $H(\boldsymbol{q})$ の t に関する微分を $\dot{H}(\boldsymbol{q})$ で表すと, それは

$$\frac{\mathrm{d}}{\mathrm{d}t}H(\boldsymbol{q}) = \dot{H}(\boldsymbol{q}) = \sum_{i=1}^n \left\{\frac{\partial}{\partial q_i}H(\boldsymbol{q})\right\}\dot{q}_i \tag{5·53}$$

を意味する. この表記法を用いると, 式 (5·52) は

$$\left\{H(\boldsymbol{q})\ddot{\boldsymbol{q}} + \frac{1}{2}\dot{H}(\boldsymbol{q})\dot{\boldsymbol{q}}\right\} + \left\{\frac{1}{2}\dot{H}(\boldsymbol{q})\dot{\boldsymbol{q}} - \frac{\partial K}{\partial \boldsymbol{q}}\right\} + \frac{\partial U}{\partial \boldsymbol{q}} = 0 \tag{5·54}$$

と表される. 実は $\dot{H}(\boldsymbol{q})\dot{\boldsymbol{q}}$ を半分ずつ二つの括弧 { } の中に配分しているが, それには次の理由がある. 最初の { } と $\dot{\boldsymbol{q}}$ との内積をとると

Note

● 5章　ラグランジュの運動方程式

$$\dot{\boldsymbol{q}}^\top \left\{ H(\boldsymbol{q})\ddot{\boldsymbol{q}} + \frac{1}{2}\dot{H}(\boldsymbol{q})\dot{\boldsymbol{q}} \right\} = \frac{\mathrm{d}}{\mathrm{d}t}\left(\frac{1}{2}\dot{\boldsymbol{q}}^\top H(\boldsymbol{q})\dot{\boldsymbol{q}} \right) = \frac{\mathrm{d}K}{\mathrm{d}t} \tag{5.55}$$

である．式(5·54)の第三項の $\partial U/\partial \boldsymbol{q}$ と $\dot{\boldsymbol{q}}$ との内積は，U が $\dot{\boldsymbol{q}}$ に依存しないから

$$\dot{\boldsymbol{q}}^\top \frac{\partial U}{\partial \boldsymbol{q}} = \frac{\mathrm{d}}{\mathrm{d}t}U \tag{5.56}$$

である．そして，式(5·54)の第二項と $\dot{\boldsymbol{q}}$ との内積をとると

$$\begin{aligned}\dot{\boldsymbol{q}}^\top & \left\{ \frac{1}{2}\dot{H}(\boldsymbol{q})\dot{\boldsymbol{q}} - \frac{\partial}{\partial \boldsymbol{q}}\left(\frac{1}{2}\dot{\boldsymbol{q}}^\top H(\boldsymbol{q})\dot{\boldsymbol{q}} \right) \right\} \\ &= \frac{1}{2}\dot{\boldsymbol{q}}^\top \dot{H}(\boldsymbol{q})\dot{\boldsymbol{q}} - \frac{1}{2}\dot{\boldsymbol{q}}^\top \dot{H}(\boldsymbol{q})\dot{\boldsymbol{q}} = 0 \end{aligned} \tag{5.57}$$

となる．実際，$\dot{\boldsymbol{q}}^\top \partial K/\partial \boldsymbol{q} = (1/2)\dot{\boldsymbol{q}}^\top \dot{H}(\boldsymbol{q})\dot{\boldsymbol{q}}$ となることを確かめられたい．式(5·57)の左辺の括弧 { } は $\boldsymbol{q}$ と $\dot{\boldsymbol{q}}$ に依存する行列 $S(\boldsymbol{q},\dot{\boldsymbol{q}})$ によって[†4]

$$\frac{1}{2}\dot{H}(\boldsymbol{q})\dot{\boldsymbol{q}} - \frac{\partial}{\partial \boldsymbol{q}}\left(\frac{1}{2}\dot{\boldsymbol{q}}^\top H(\boldsymbol{q})\dot{\boldsymbol{q}} \right) = S(\boldsymbol{q},\dot{\boldsymbol{q}})\dot{\boldsymbol{q}} \tag{5.58}$$

と書き表すことができる．これと $\dot{\boldsymbol{q}}$ との内積が0になるので，$S(\boldsymbol{q},\dot{\boldsymbol{q}})^\top = -S(\boldsymbol{q},\dot{\boldsymbol{q}})$ でなければならない．つまり，行列 S は**歪対称**（Skew-symmetric）でなければならない．こうして，式(5·54)は前述の 1)～3) の条件を用いて

$$H(\boldsymbol{q})\ddot{\boldsymbol{q}} + \frac{1}{2}\dot{H}(\boldsymbol{q})\dot{\boldsymbol{q}} + S(\boldsymbol{q},\dot{\boldsymbol{q}})\dot{\boldsymbol{q}} + \frac{\partial U}{\partial \boldsymbol{q}} = 0 \tag{5.59}$$

と表された．これと $\dot{\boldsymbol{q}}$ との内積をとると

$$\frac{\mathrm{d}}{\mathrm{d}t}\left\{ \frac{1}{2}\dot{\boldsymbol{q}}^\top H(\boldsymbol{q})\dot{\boldsymbol{q}} + U \right\} = \frac{\mathrm{d}}{\mathrm{d}t}(K + U) = 0 \tag{5.60}$$

となり，エネルギー保存の法則が，直接，求まった．

図5·2に示す例について，エネルギー保存の法則を導出してみよう．ラグランジュの運動方程式は式(5·38)で表されるが，加速度項の係数行列の t による微分は

$$\dot{H}(\theta_1,\theta_2) = -ml_1l_2(\sin\theta_2)\begin{pmatrix} 2\dot{\theta}_2 & \dot{\theta}_2 \\ \dot{\theta}_2 & 0 \end{pmatrix} \tag{5.61}$$

となる．式(5·38)を式(5·59)の形式で表すために，$S(\boldsymbol{q},\dot{\boldsymbol{q}})\dot{\boldsymbol{q}}$ の項を求めると，そ

れは式(5.38)より

$$
\begin{aligned}
&-\frac{1}{2}\dot{H}(\theta_1,\theta_2)\begin{pmatrix}\dot{\theta}_1\\\dot{\theta}_2\end{pmatrix}-ml_1l_2(\sin\theta_2)\begin{pmatrix}2\dot{\theta}_1\dot{\theta}_2+\dot{\theta}_2\\-\dot{\theta}_1{}^2\end{pmatrix}\\
&=ml_1l_2(\sin\theta_2)\left\{\begin{pmatrix}\dot{\theta}_2 & \frac{1}{2}\dot{\theta}_2\\\frac{1}{2}\dot{\theta}_2 & 0\end{pmatrix}\begin{pmatrix}\dot{\theta}_1\\\dot{\theta}_2\end{pmatrix}-\begin{pmatrix}2\dot{\theta}_1\dot{\theta}_2+\dot{\theta}_2{}^2\\-\dot{\theta}_1{}^2\end{pmatrix}\right\}\\
&=ml_1l_2(\sin\theta_2)\begin{pmatrix}-\dot{\theta}_1\dot{\theta}_2-\frac{1}{2}\dot{\theta}_2{}^2\\\frac{1}{2}\dot{\theta}_1\dot{\theta}_2+\dot{\theta}_1{}^2\end{pmatrix}\\
&=ml_1l_2(\sin\theta_2)\left(\dot{\theta}_1+\frac{1}{2}\dot{\theta}_2\right)\begin{pmatrix}0 & -1\\1 & 0\end{pmatrix}\begin{pmatrix}\dot{\theta}_1\\\dot{\theta}_2\end{pmatrix}\\
&=S(\boldsymbol{\theta},\dot{\boldsymbol{\theta}})\dot{\boldsymbol{\theta}} \qquad\qquad\qquad\qquad\qquad\qquad (5.62)
\end{aligned}
$$

となる．ここに $\boldsymbol{\theta}=(\theta_1,\theta_2)^\top$，$\dot{\boldsymbol{\theta}}=(\dot{\theta}_1,\dot{\theta}_2)^\top$ である．明らかに，式(5.62)の最後の式でたどりついたように，$S(\boldsymbol{\theta},\dot{\boldsymbol{\theta}})$ は歪対称になっており，その結果，運動方程式(5.38)について直接エネルギー保存の法則が成立していることが確かめられた．

5.4 最小作用の原理

Principle of Least Action

考えている力学系について，前節の条件 1)〜3) が成立し，エネルギー保存の法則が成立しているとしよう．そのとき，ハミルトンの原理が成立する．詳しく言えば，ラグランジアン $L(\boldsymbol{q},\dot{\boldsymbol{q}})$ の任意時間区間 $[t_1,t_2]$ にわたる積分に関する微小変化（汎関数の変分）が 0 になること，すなわち

$$\delta\int_{t_1}^{t_2}L(\boldsymbol{q}(t),\dot{\boldsymbol{q}}(t))\,\mathrm{d}t=0 \qquad (5.63)$$

が成立した．このとき，実現される運動の道筋 $\boldsymbol{q}(t)$（これを**軌道**（Trajectory），

Note

†4 式(5.58)で定義できる $n\times n$ の行列 $S(\boldsymbol{q},\dot{\boldsymbol{q}})$ の (ij)-要素 $s_{ij}(\boldsymbol{q},\dot{\boldsymbol{q}})$ の具体的表示については，演習問題 2 とその解答を参照されたい．

あるいは**経路**（Orbit）と呼ぶ）の近くに微小な変動分 $\delta q(t)$ を任意に取って（これを**増分**と呼ぶ），$q + \delta q$ を想定したが，この $q(t) + \delta q(t)$ を増分を受けた軌道（Incremented trajectory）と呼ぶことにしよう．ハミルトンの原理を示すときに取った変分では，増分を受けた軌道についても全エネルギー保存の法則を要求することはしなかった．すなわち，増分 δq をエネルギー保存の法則に矛盾しないように選ぶという制限をせずに，ハミルトンの原理が成立した．

汎関数の変分を考えるときに，増分を受けた軌道についても全エネルギーが保存されるように増分をとることを条件にしてみよう．このとき

$$L = K - U = 2K - (K + U) = 2K - E \tag{5.64}$$

となり，$E = \text{const.}$ であるから（そのとき，$\delta E = 0$ である）

$$\delta \int_{t_1}^{t_2} L(\boldsymbol{q}, \dot{\boldsymbol{q}}) \, dt = 2\delta \int_{t_1}^{t_2} K(\boldsymbol{q}, \dot{\boldsymbol{q}}) \, dt = 0 \tag{5.65}$$

となるので，実現される運動は式

$$\delta \int_{t_1}^{t_2} 2K(\boldsymbol{q}, \dot{\boldsymbol{q}}) \, dt = 0 \tag{5.66}$$

を満たすはずのものであろう．このことを**最小作用の原理**（Principle of least action）といい，積分

$$\int_{t_1}^{t_2} 2K(\boldsymbol{q}(t), \dot{\boldsymbol{q}}(t)) \, dt \tag{5.67}$$

を**作用積分**（あるいは，単に作用）という．

厳密には，式(5.66)の変分をとるとき，全エネルギーを一定に保持させるような経路をいろいろ想定するが，積分の開始時点 t_1 で質点系の配置は同じであっても（$\delta\boldsymbol{q}(t_1) = 0$），終端時点 t_2 でも同じ配置（$\delta\boldsymbol{q}(t_2) = 0$）を取らせるには無理がある．そのため，時間軸の積分を経路上の積分に置き換えて，変分問題を厳密に取り扱わねばならない．その議論は余りにも数学的になるので，これ以上の深入りはしない．代わりに，古典力学の発展史に関するノートを記しておこう．

なお，式(5.66)は作用積分が最小値を取ることを示唆するのではなく，極小値

あるいは極大値（これを**停留値**（Extremal）という）を取ることを示しているに過ぎないので，厳密には**停留作用の原理**（Principle of extremal action）と呼ぶようになってきた．

歴史ノート

最小作用の原理はモーペルテュイ（Pierre Maupertuis, 1698–1759）が最初に気づいたと言われる．厳密な数学的定式化はオイラー（Leonhard Euler, 1707–1783）の功績である．オイラーの定式化に導かれて，最小作用の原理はラグランジュ，ハミルトンによって質点系の力学法則として一般化された．モーペルテュイの発見をめぐって，そして光の経路に関するフェルマーの原理にも関連して，18世紀中頃，物理世界の理解の仕方に関するイデオロギー対立が起り，哲学的論争が巻き起こった．これらのエピソードを含めて，最小作用の原理の科学史的意義については，次の本が詳しい．

＊）イーヴァル・エクランド著（南條郁子訳）：数学は最善世界を見るか？最小作用の原理から最適化理論へ，みすず書房，2009.

フェルマーの原理と最小作用の原理：幾何光学ではよく知られているように，光の経路に関する**フェルマーの原理**（Fermat's principle）は媒質が連続的に変化している場合にも拡張されている．真空中の光速を c，場所 $\bm{r}$ の関数として媒質の屈折率を $n(\bm{r})$ とすると，場所 $\bm{r}$ の光速は $c/n(\bm{r})$ である．したがって，$\mathrm{d}s$ だけ光が進むのに要する時間は

$$\frac{\mathrm{d}s}{c/n(\bm{r})} = \frac{1}{c} n(\bm{r})\,\mathrm{d}s \tag{5.68}$$

となる．これより一定点 P から出てほかの一定点 Q に到達するのに要する時間は

$$\frac{1}{c}\int_P^Q n(\bm{r})\,\mathrm{d}s \tag{5.69}$$

となる．そこで，両端 P，Q を固定したままで，経路を連続的に微小変動して得られる任意の経路に比べて，光が P から Q に通過するのに要する時間が極小（条

件によっては極大）になるためには上述の式 (5.69) で定義される汎関数の変分がゼロにならねばならないことに注目する．すなわち

$$\delta \int_P^Q n(\boldsymbol{r})\,\mathrm{d}s = 0 \tag{5.70}$$

であり，これがフェルマーの原理である．これに対して，簡単のために保存力を受けて運動する 1 個の質点のみについて考えると，$K = (1/2)mv^2$（m は質量，v は速度）であるので，次の式が成立する．

$$\begin{aligned}\delta \int 2K\,\mathrm{d}t &= \delta \int mv^2\,\mathrm{d}t = \delta \int mv\frac{\mathrm{d}s}{\mathrm{d}t}\,\mathrm{d}t \\ &= \delta \int mv\,\mathrm{d}s = 0\end{aligned} \tag{5.71}$$

そこで，最小作用の原理は

$$\delta \int mv\,\mathrm{d}s = 0 \tag{5.72}$$

と書かれ，積分は経路積分となり，フェルマーの原理と同様の変分原理で書けることになる．モーペルテュイが発見したのは，式 (5.72) の形式であった．

5.5　変分原理

Variational Principle

考えている力学系に拘束条件が課せられているときのラグランジュの運動方程式を導いておこう．5.1 節では，一般化力としては保存力のみを考察した．ここでは，h 個の**拘束条件**（Constraint condition）が課せられており，それが一般化座標 $\boldsymbol{q} = (q_1, \cdots, q_n)^\top$ によって次のように表されるとしよう．

$$f_j(\boldsymbol{q}, t) = 0, \qquad j = 1, \cdots, h \tag{5.73}$$

この f_j には $\dot{q}_i$ $(i = 1, \cdots, n)$ が含まれないが，このときの拘束は**ホロノミック**（Holonomic）であるといわれる．式 (5.73) から

5.5 変分原理

$$\sum_{i=1}^n \frac{\partial f_j}{\partial q_i} \delta q_i = \frac{\partial f_j}{\partial \bm{q}^\top} \delta \bm{q} = 0, \quad j=1,\cdots,h \tag{5.74}$$

となる．式(5.73)に任意の乗数 λ_j を掛けても $\lambda_j f_j = 0$ となるので，式(5.74)に λ_j を掛けて式(5.9)，あるいは式(5.14)の被積分項に足し込むことができる．その結果，ラグランジュの運動方程式は

$$\frac{\mathrm{d}}{\mathrm{d}t}\left(\frac{\partial L}{\partial \dot{q}_i}\right) - \frac{\partial L}{\partial q_i} = \sum_{j=1}^h \lambda_j \frac{\partial f_j}{\partial q_i}, \quad i=1,\cdots,n \tag{5.75}$$

と表されることになる．このとき，式(5.75)のすべてが独立になるわけではなく，n 個の q_i の中で独立なものを $(n-h)$ 個選んだ後，h 個の独立でない式(5.75)の h 個の式から λ_j を決め，そして残りの式から運動を決めなければならない．このとき，力学系の一般化座標の個数 n は自由度を表すのではなく，拘束条件が課せられることによって，自由度は $(n-h)$ になっている．

さらに，一般化力 Q_j には保存力 U から導かれる部分 $-\partial U/\partial q_i$ のほかにもあり得るとし，カーテシアン座標で

$$F_j = -\frac{\partial U}{\partial x_j} + F_j' \tag{5.76}$$

と表されるとする．すわなち，F_j' が想定し得る外力であるが，このとき

$$Q_i' = \sum_{j=1}^m F_j' \frac{\partial x_j}{\partial q_i} \tag{5.77}$$

と置くと，一般化力 Q_i は式(4.55)，式(5.11)より，

$$Q_i = -\frac{\partial U}{\partial q_i} + Q_i' \tag{5.78}$$

と表される[†5]．これよりラグランジュの運動方程式は

$$\frac{\mathrm{d}}{\mathrm{d}t}\left(\frac{\partial L}{\partial \dot{q}_i}\right) - \frac{\partial L}{\partial q_i} = \sum_{j=1}^h \lambda_j \frac{\partial f_j}{\partial q_i} + Q_i', \quad i=1,\cdots,n \tag{5.79}$$

Note

[†5] 式(5.76)の $-\partial U/\partial x_j$ と式(5.78)の $\partial U/\partial q_i$ の間には，式(5.77)と同様に，次の式が成立していることに注意しておこう．

$$-\frac{\partial U}{\partial q_i} = \sum_{j=1}^m \left(-\frac{\partial U}{\partial x_j}\right)\frac{\partial x_j}{\partial q_i}$$

● 5章　ラグランジュの運動方程式

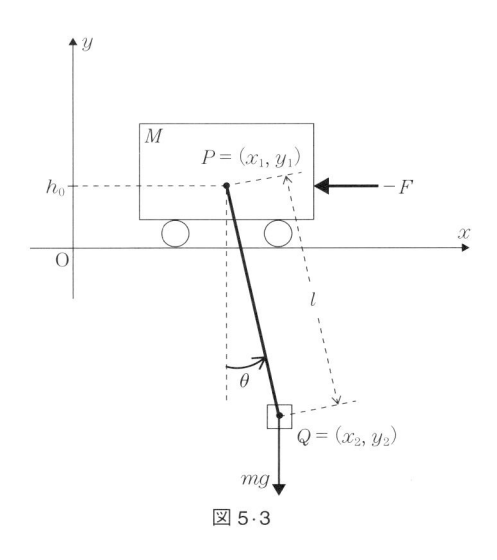

図5·3

となる．この式は積分形

$$\int_{t_1}^{t_2} \left[\delta L(\boldsymbol{q}, \dot{\boldsymbol{q}}, t) + \sum_{i=1}^{n} \left(Q'_i + \sum_{j=1}^{h} \lambda_j \frac{\partial f_j}{\partial q_i} \right) \delta q_i \right] \mathrm{d}t = 0 \tag{5·80}$$

から導かれたものと考えられるので，これを**変分原理**（Variational principle）と呼んでいる．

変分原理を用いて，図**5·3**に示す天井走行型のクレーンとロープで吊り下げた荷物からなる力学系の運動方程式を考えよう．走行車を押す力を$-F$とし（x方向の力を正とする），車輪とレールの間の摩擦は無視し，また，ロープの質量は無視して，荷は長さlのところに集中荷重mがあるとする．走行車のロープの取付け位置を$\boldsymbol{r}_1 = (x_1, y_1)^\top$，荷物の質量中心の位置を$\boldsymbol{r}_2 = (x_2, y_2)^\top$で表すと，運動エネルギーとポテンシャルは

$$\begin{cases} K = \dfrac{1}{2} M \dot{x}_1^{\,2} + \dfrac{1}{2} m (\dot{x}_2^{\,2} + \dot{y}_2^{\,2}) \\ U = mgy_2 \end{cases} \tag{5·81}$$

で表される．また，ロープ長が変動しないことから，拘束条件が

5.5 変分原理

$$f_1(x_1, x_2, y_1, y_2) = \sqrt{(x_2-x_1)^2 + (y_2-h_0)^2} - l = 0 \tag{5.82}$$

と表されることに注意しよう．ここに $y_1 = h_0$ なので，見かけ上の位置変数は x_1，x_2，y_2 の3個であり，f_1 の中の y_1 は省いてよい．しかし，拘束式が1個あることにより，この力学系の自由度は2になるはずであるが，ともかく，式(5.79)に従って運動方程式を導出してみる．始めに，式(5.74)を一般化座標 $\boldsymbol{q} = (x_1, x_2, y_2)^\top$ を用いて求めてみる．拘束式は式(5.82)から

$$\begin{aligned}
&\frac{\partial f}{\partial x_1}\delta x_1 + \frac{\partial f}{\partial x_2}\delta x_2 + \frac{\partial f}{\partial y_2}\delta y_2 \\
&= \frac{-(x_2-x_1)\delta x_1 + (x_2-x_1)\delta x_2 + (y_2-h_0)\delta y_2}{\sqrt{(x_2-x_1)^2+(y_2-h_0)^2}} \\
&= \frac{1}{l}\{-(x_2-x_1)\delta x_1 + (x_2-x_1)\delta x_2 + (y_2-h_0)\delta y_2\} \\
&= 0
\end{aligned} \tag{5.83}$$

となる．保存力ではない外力 F（走行車を押す力，あるいは引く力）は x_1 方向に働くから，式(5.80)の $Q'_i \delta q_i$ は $F\delta x_1$ のみである．こうして，ラグランジュの運動方程式の式(5.79)を具体的に求めると

$$\begin{cases} M\ddot{x}_1 = -\dfrac{\lambda}{l}(x_2-x_1) + F \\ m\ddot{x}_2 = \dfrac{\lambda}{l}(x_2-x_1) \\ m\ddot{y}_2 + mg = \dfrac{\lambda}{l}(y_2-h_0) \end{cases} \tag{5.84}$$

となる．この第一式と第二式の和をとると，x_1 方向の運動方程式

$$M\ddot{x}_1 + m\ddot{x}_2 = F \tag{5.85}$$

が得られる．一方，拘束力 λ を求めるために，第二式と第三式の関係を用いるが，それには変数 θ を用いて

$$x_2 - x_1 = l\sin\theta, \qquad y_2 - h_0 = -l\cos\theta \tag{5.86}$$

Note

と表されることに注目したい．これらの速度と加速度は次のようになる．

$$\dot{x}_2 - \dot{x}_1 = l\dot{\theta}\cos\theta, \qquad \dot{y}_2 = l\dot{\theta}\sin\theta \tag{5.87}$$

$$\begin{cases} \ddot{x}_2 - \ddot{x}_1 = l\ddot{\theta}\cos\theta - l\dot{\theta}^2\sin\theta \\ \ddot{y}_2 = l\ddot{\theta}\sin\theta + l\dot{\theta}^2\cos\theta \end{cases} \tag{5.88}$$

そして，式(5.88)を式(5.84)の第二，三式に代入すると

$$m\begin{pmatrix} \ddot{x}_1 \\ 0 \end{pmatrix} + ml\ddot{\theta}\begin{pmatrix} \cos\theta \\ \sin\theta \end{pmatrix} + ml\dot{\theta}^2\begin{pmatrix} -\sin\theta \\ \cos\theta \end{pmatrix}$$
$$+ mg\begin{pmatrix} 0 \\ 1 \end{pmatrix} = \lambda\begin{pmatrix} \sin\theta \\ -\cos\theta \end{pmatrix} \tag{5.89}$$

を得る．この両辺と $(\sin\theta, -\cos\theta)^\top$ の内積をとると，拘束力（ロープの張力）λ が次のように求まる．

$$\lambda = m\ddot{x}_1\sin\theta - ml\dot{\theta}^2 - mg\cos\theta \tag{5.90}$$

右辺の第二項は遠心力，第一項はロープの支点が受ける x_1 方向の抗力のロープの長さ方向の成分，第三項は荷物の重力の同じくロープ長方向の成分である．運動方程式は，式(5.85)に式(5.88)の第一式を代入したものと，式(5.89)と $(\cos\theta, \sin\theta)^\top$ の内積をとったものを並べると，次のように求まる．

$$\begin{cases} (M+m)\ddot{x}_1 + ml\ddot{\theta}\cos\theta - ml\dot{\theta}^2\sin\theta = F \\ ml\ddot{x}_1\cos\theta + ml^2\ddot{\theta} + mgl\sin\theta = 0 \end{cases} \tag{5.91}$$

一方で，対象とする図 5.3 の力学系の自由度は 2 であることがわかっているので，一般化位置座標を $\boldsymbol{q} = (x_1, \theta)^\top$ とすることができよう．運動エネルギーとポテンシャルを x_1，θ で表すと（式(5.81)と式(5.86)を参照）

$$K = \frac{M}{2}\dot{x}_1^2 + \frac{m}{2}\left\{(\dot{x}_1 + l\dot{\theta}\cos\theta)^2 + l^2\dot{\theta}^2\sin^2\theta\right\}$$
$$= \frac{M+m}{2}\dot{x}_1^2 + ml\dot{x}_1\dot{\theta}\cos\theta + \frac{m}{2}l^2\dot{\theta}^2 \tag{5.92}$$

$$U = -mgl\cos\theta \tag{5.93}$$

となる．一般化力は式(5.77)から x_1 方向に $Q'_1 = F$ である．こうして，$L = K - U$ として，式(5.79)に基づいて運動方程式を具体的に求めると

$$\begin{pmatrix} M+m & ml\cos\theta \\ ml\cos\theta & ml^2 \end{pmatrix} \begin{pmatrix} \ddot{x}_1 \\ \ddot{\theta} \end{pmatrix} - ml\sin\theta \begin{pmatrix} \dot{\theta}^2 \\ 0 \end{pmatrix}$$
$$+ mgl\sin\theta \begin{pmatrix} 0 \\ 1 \end{pmatrix} = F \begin{pmatrix} 1 \\ 0 \end{pmatrix} \tag{5.94}$$

となる．これは式(5.91)と全く同じであることに注意しておく．

一般化座標を始めから $(x_1, \theta)^\top$ としてとると，運動方程式はすぐに書き下すことができる．しかし，ロープの張力はこの計算プロセスでは見えてこない．拘束条件を式(5.82)の形式で組み込んで力の関係を確認することが重要になる場面は，工学の世界では数多くある．

Note

理解度 Check

- [ ] ダランベールの原理を一般化座標に基づいて表現し直したラグランジュの運動方程式を理解し，例題を通じて運動方程式の導出を試みた．
- [ ] ラグランジアンの意味と働きを理解した．
- [ ] ラグランジュ乗数の数学的な意味を理解するとともに，例題を通じて力学量としての意味をもつことも理解している．
- [ ] ハミルトンの原理を理解している．
- [ ] ラグランジュの運動方程式からエネルギー保存の法則が導けることを一般的な数式を通しても，また，例題によっても確認した．
- [ ] 制御入力や外力があるときは，変分原理によって運動方程式が導ける．このことをダランベールの原理にさかのぼって再確認している．

Training 演習問題

1 図 4·8 に示すカートと倒立振り子から構成される力学系の運動方程式は, $F=0$ としたとき, 式 (5·19) で表される. この式 (5·19) の上の式に $\dot{x}_1$ を掛けた式と, 下の式に $\dot{\theta}$ を掛けた式の和をとってみよ. そして, 全エネルギーが保存されることを確認せよ.

2 式 (5·58) で定義される行列 $S(\boldsymbol{q},\dot{\boldsymbol{q}})$ の (ij)-要素を $s_{ij}(\boldsymbol{q},\dot{\boldsymbol{q}})$ で表すと, それは

$$s_{ij}(\boldsymbol{q},\dot{\boldsymbol{q}}) = \frac{1}{2}\sum_{k=1}^{n} \dot{q}_k \left\{ \frac{\partial}{\partial q_j} h_{ik}(\boldsymbol{q}) - \frac{\partial}{\partial q_i} h_{kj}(\boldsymbol{q}) \right\} \qquad (*)$$

で表されることを示せ. ここに, $h_{ij}(\boldsymbol{q})$ は慣性行列 $H(\boldsymbol{q})$ の (ij)-要素である. また, 式 $(*)$ から, $S(\boldsymbol{q},\dot{\boldsymbol{q}})^\top = -S(\boldsymbol{q},\dot{\boldsymbol{q}})$ であることを確認せよ. 注：慣性行列 $H(\boldsymbol{q})$ は対称行列である.

3 図 5·3 の天井走行クレーンについて, 走行車を押す力を F とし, 速度を $\dot{x}_1$ とすれば, 仕事率 $F\dot{x}_1$ が定義されることは 1.4 節で学んだ. そこで, ラグランジュの運動方程式 (式 (5·91)), あるいは式 (5·94) から, この場合の仕事率は

$$F\dot{x}_1 = \frac{\mathrm{d}}{\mathrm{d}t}(K+U) \qquad (**)$$

と表されることを示せ. ここに K は式 (5·92) が示す運動エネルギー, U は式 (5·93) が示すポテンシャルである.

4 前問に続いて, 走行車を押す力が時間区間 $[0,t]$ にわたってした仕事を求め, それが全運動エネルギーとポテンシャルに分配されることを確かめよ (1.5 節の最後の段落を参照のこと).

/ 6 章

Equation of Motion of Robots

ロボットの運動方程式

学習のPoint

- ロボットの腕（アーム，arm）では，いろいろな作業が自在に実行できるよう，複数の剛体リンクを関節で連結し，手先の運動の自由度を高めている．剛体リンクを連結する関節はモータの軸に合わせて回転軸として構成されるが，その関節回転軸そのものが剛体リンクの運動とともに変動するので，アームの運動方程式は複雑になる．幸いにも，前章で学習したラグランジュの運動方程式や変分原理はこのような複雑な剛体系にも適用できる．本章では，二つの剛体リンクを回転関節で連結した2自由度ロボットの運動方程式の導き方を学ぶ．同じ2自由度でも，平面ロボットと垂直多関節型ロボットでは，運動方程式が異なる．幸いにも，エネルギー保存の法則や受動性の概念は共通して議論でき，この観点から手先位置の制御法が有効に働くことを学ぶ．

6.1　2自由度平面ロボットアームの運動方程式

Equation of Motion of a 2-DOF Planer Robot Arm

　図 **6·1** に示すような自由度 2 の**平面ロボットアーム**（Planer robot arm）を考えよう．可動部は Link 1 と Link 2 と名づけた二つの剛体リンクであり，前者は記号 J_0 で示した軸（紙面に垂直な z 軸）のまわりに回転できるように取りつけてある（回転軸はモータの回転軸に合わせて起動されると考えよ）．また，他端には Link 2 が回転関節 J_1 を通して連結されているとする．図 6·1 に示すように，平面カーテシアン座標系 O-xy は，Link 1 を取りつけた固定したベースリンクに，原点 O が J_1 軸上に来るように設定している．そして，Link 1 の回転角を q_1 で表す．関節 J_1 の回転は Link 1 に取りつけたモータによって駆動できると考え，Link 2 の Link 1 との相対回転角を q_2 で表す．そして，J_0 と J_1 の軸間距離を l_1，J_1 と手先の中心先端位置 P との距離を l_2 とする．また，Link 1 の質量中心は O-xy 平面上の J_0 と J_1 を結ぶ直線上の J_0 から距離 s_1 の点にあり，その質量を m_1 とする．Link 2 の重心は，同じく O-xy 平面上の手先位置 P と J_1 を結ぶ直線上の J_1 からの距離が s_2 である点にあり，質量は m_2 とする．これらの記号の説明は，ロボットの力学的挙動の表現を図示した**図 6·2** を見れば，端的に理解することができよう．

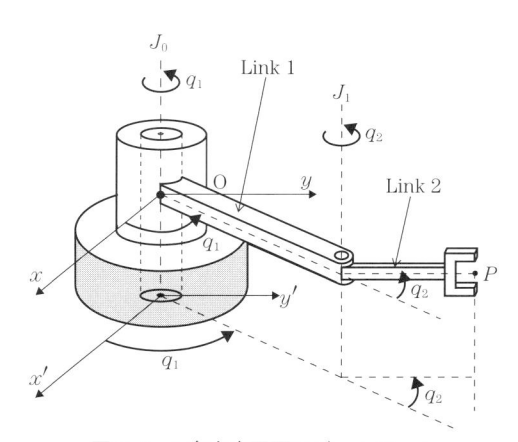

図 6·1　2 自由度平面ロボットアーム

6.1 2自由度平面ロボットアームの運動方程式

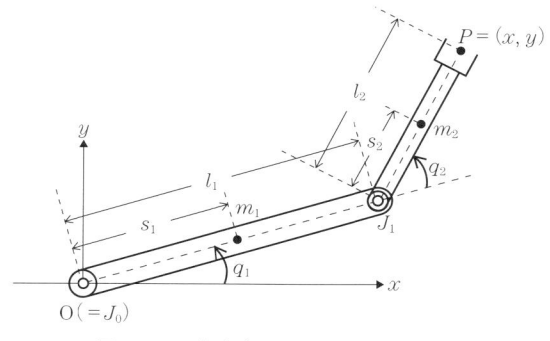

図 6.2 2自由度平面ロボットの模式図

図 6.1 の 2 自由度平面ロボットの運動方程式を導く前に，それは本質的に 4.1 節の例として取り上げた教会の鐘と同様な力学的構造をもつことに気づいてみたい．図 4.4 に示した教会の鐘の力学的構造は図 5.2 に図示されたが，その第二振り子を剛体リンクで置き換えると，それは図 6.2 のような構造をもつことが見えてくる．したがって，2 自由度平面ロボットの運動方程式は，5.2 節で示した式 (5.38) と同様な形式をもつであろうと思われる．

まず，Link 1 の運動エネルギーを

$$K_1 = \frac{1}{2} I_1 \dot{q}_1^2 \tag{6.1}$$

と記述しておこう．I_1 は Link 1 の J_0 軸まわりの慣性モーメントとする[†1]．問題は Link 2 の運動エネルギーの求め方である．始めに関節中心 J_1 の速度ベクトル $\boldsymbol{v}_1$ を求めるため，J_1 の位置をカーテシアン座標系で $\boldsymbol{r}_1 = (x_1, y_1)^\top$ で表すと，図 6.2 に示すように

$$x_1 = l_1 \cos q_1, \qquad y_1 = l_1 \sin q_1 \tag{6.2}$$

である．速度ベクトル $\boldsymbol{v}_1 = \dot{\boldsymbol{r}}_1 = (\dot{x}_1, \dot{y}_1)^\top$ は

$$\dot{x}_1 = -l_1 \dot{q}_1 \sin q_1, \qquad \dot{y}_1 = l_1 \dot{q}_1 \cos q_1 \tag{6.3}$$

Note

[†1] 本節では，剛体は一つの軸まわりの回転のみを扱う．剛体の慣性モーメントは質量中心を通るある軸まわりで与えるのが普通であるが，ここでは，指定した軸（J_0 を通り，xy 平面に垂直な z 軸）まわりで与えておくことにする．

6章 ロボットの運動方程式

となる．次に J_1 を原点とし，座標系 J_1-xy から見た Link 2 の質量中心の位置ベクトル $\bm{r}_{2c} = (x_{2c}, y_{2c})^\top$ を求めると（図 **6·3** 参照）

$$x_{2c} = s_2 \cos(q_1 + q_2), \qquad y_{2c} = s_2 \sin(q_1 + q_2) \tag{6·4}$$

となる．そこで，Link 2 の任意の点 Q の微小質量を $\mathrm{d}m_Q$ で表し，J_1 を起点として端点が Q となる位置ベクトル $\overrightarrow{J_1 Q}$ を $\bm{r}_{2Q}$ で表すと，元の座標系 O-xy から見た点 Q の位置ベクトルは

$$\bm{r}_Q = \bm{r}_1 + \bm{r}_{2Q} \tag{6·5}$$

で表される．そして，点 Q の速度ベクトルは O-xy 座標系を用いて

$$\bm{v}_Q = \dot{\bm{r}}_Q = \dot{\bm{r}}_1 + \dot{\bm{r}}_{2Q} = \bm{v}_1 + \bm{v}_{2Q} \tag{6·6}$$

と表される．なお，$\bm{v}_1 = \dot{\bm{r}}_1$，$\bm{v}_{2Q} = \dot{\bm{r}}_{2Q}$ と置いた．そこで点 Q を Link 2 のすべての微小構成要素にわたって動かし，それら微小質量のもつ運動エネルギーを Link 2 のボリューム全体にわたって体積積分すると次のようになる[†2]．

$$\begin{aligned} K_2 &= \int_V \frac{1}{2} \|\bm{v}_Q\|^2 \, \mathrm{d}m_Q \\ &= \int_V \frac{1}{2} \left\{ \|\bm{v}_1\|^2 + \|\bm{v}_{2Q}\|^2 + 2\bm{v}_1^\top \bm{v}_{2Q} \right\} \mathrm{d}m_Q \end{aligned} \tag{6·7}$$

右辺の第一項の積分は式(6·3)より

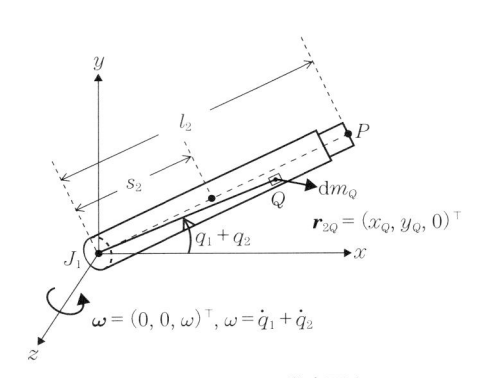

図 6·3 Link 2 の微小要素

6.1 2自由度平面ロボットアームの運動方程式

$$\int_V \frac{1}{2}\|\boldsymbol{v}_1\|^2 \, dm_Q = \int_V \frac{1}{2}(l_1\dot{q}_1)^2 \, dm_Q = \frac{1}{2}l_1{}^2 m_2 \dot{q}_1{}^2 \qquad (6\cdot 8)$$

となる．第二項は，$\boldsymbol{v}_{2Q}$ が回転角速度 $\dot{q}_1 + \dot{q}_2$ に $\|\boldsymbol{r}_{2Q}\|$ を乗じた速度で微小質量 dm_Q が移動するときの速度ベクトルを表すので

$$\begin{aligned}\int_V \frac{1}{2}\|\boldsymbol{v}_{2Q}\|^2 \, dm_Q &= \frac{1}{2}(\dot{q}_1+\dot{q}_2)^2 \int_V \|\boldsymbol{r}_Q\|^2 \, dm_Q \\ &= \frac{I_2}{2}(\dot{q}_1+\dot{q}_2)^2 \qquad (6\cdot 9)\end{aligned}$$

となる（3.3 節参照）．ここに I_2 は Link 2 の J_1 軸（z 軸）まわりの慣性モーメントを表す．式(6·7)の右辺の被積分項で最後に残った $2\boldsymbol{v}_1^\top \boldsymbol{v}_{2Q}$ の体積積分を評価するため，$\boldsymbol{v}_{2Q}$ を具体的に求めておこう．一般に $\boldsymbol{v}_{2Q}$ は J_1 から見たときの点 Q の速度ベクトルであるが，それは xy 平面上にあり，端点 Q から $\boldsymbol{r}_{2Q}$ に直交する向きに現れる（図 6·3 参照）．厳密にいえば，J_1 まわりの回転角速度ベクトルは，z 軸を図 6·3 に示すように xy 平面（紙面そのもの）の下から上に貫く方向にとると，$\boldsymbol{\omega} = (0, 0, \dot{q}_1 + \dot{q}_2)^\top$ のように表され，速度ベクトル $\boldsymbol{v}_{2Q}$ は

$$\boldsymbol{v}_{2Q} = \boldsymbol{\omega} \times \boldsymbol{r}_{2Q} \qquad (6\cdot 10)$$

と表されることになる．ただし，$\boldsymbol{r}_{2Q} = (x_{2Q}, y_{2Q}, 0)^\top$ とした．このとき，$\boldsymbol{r}_{2Q} dm_Q$ の体積積分は次のようになることに注意しておく．

$$\int_V \boldsymbol{r}_{2Q} \, dm_Q = m_2 \boldsymbol{r}_{2c} \qquad (6\cdot 11)$$

$\boldsymbol{r}_{2c}$ は Link 2 の質量中心の位置ベクトルであり，式(6·4)で表したものと一致する．こうして

$$\begin{aligned}\int_V \boldsymbol{v}_1^\top \boldsymbol{v}_{2Q} \, dm_Q &= \int_V \boldsymbol{v}_1^\top (\boldsymbol{\omega} \times \boldsymbol{r}_{2Q}) \, dm_Q \\ &= \boldsymbol{v}_1^\top \left(\boldsymbol{\omega} \times \int_V \boldsymbol{r}_{2Q} \, dm_Q\right) = m_2 \boldsymbol{v}_1^\top (\boldsymbol{\omega} \times \boldsymbol{r}_{2c}) \\ &= m_2 l_1 s_2 \dot{q}_1 (\dot{q}_1 + \dot{q}_2) \cos q_2 \qquad (6\cdot 12)\end{aligned}$$

Note

†2　3次元ベクトル $\boldsymbol{v}$ の大きさは $|\boldsymbol{v}|$ で表していたが，ここでは $\|\boldsymbol{v}\|$ で表す．その意味は，$\|\boldsymbol{v}\|^2 = \boldsymbol{v}^\top \boldsymbol{v}$ と定義されることにあり，$\|\boldsymbol{v}\| = \sqrt{\boldsymbol{v}^\top \boldsymbol{v}}$ をユークリッドノルムと呼ぶからでもある．

● 6章　ロボットの運動方程式

が求まる．既出した $\bm{v}_1, \bm{\omega}, \bm{r}_{2c}$ を用いて式 $\bm{v}_1^\top(\bm{\omega} \times \bm{r}_{2c})$ を忠実に計算し，三角関数の和に関する公式を用いて，式(6·12)の最後の等式が成立することを確かめられたい．こうして，2自由度平面ロボットの全運動エネルギーは次のように表されることがわかった．

$$
\begin{aligned}
K &= K_1 + K_2 \\
&= \frac{I_1}{2}\dot{q}_1^2 + \frac{I_2}{2}(\dot{q}_1+\dot{q}_2)^2 + \frac{m_2}{2}{l_1}^2{\dot{q}_1}^2 \\
&\quad + m_2 l_1 s_2 \dot{q}_1(\dot{q}_1+\dot{q}_2)\cos q_2
\end{aligned}
\tag{6·13}
$$

この式と教会の鐘に関する運動エネルギーの式(5·34)を比較し，どこが違ってきたか，確認されたい．

もし，二つの剛体リンクの運動が**水平面**（Horizontal plane）に限るとき，すなわち，角度変数 q_1, q_2 の回転軸がともに紙面に垂直に貫通するとき，この平面ロボットの運動は重力の影響を受けない．したがって，運動方程式を記述するため，$\partial K/\partial \bm{q}$ や $\partial K/\partial \dot{\bm{q}}$ を求めると，次のようになる．

$$
\begin{cases}
\dfrac{\partial K}{\partial \dot{q}_1} = (I_1 + I_2 + m_2 {l_1}^2 + 2m_2 l_1 s_2 \cos q_2)\dot{q}_1 \\
\qquad\qquad\quad + I_2 \dot{q}_2 + m_2 l_1 s_2 \dot{q}_2 \cos q_2 \\
\dfrac{\partial K}{\partial \dot{q}_2} = I_2 \dot{q}_2 + I_2 \dot{q}_1 + m_2 l_1 s_1 \dot{q}_1 \cos q_2
\end{cases}
\tag{6·14}
$$

$$
\begin{cases}
-\dfrac{\partial K}{\partial q_1} = 0 \\
-\dfrac{\partial K}{\partial q_2} = m_2 l_1 s_2 \dot{q}_1(\dot{q}_1+\dot{q}_2)\sin q_2
\end{cases}
\tag{6·15}
$$

こうして，ラグランジュの運動方程式は，式(5.15)より，

$$
H(q_1,q_2)\begin{pmatrix}\ddot{q}_1\\\ddot{q}_2\end{pmatrix} - m_2 l_1 s_2 \begin{pmatrix}2\dot{q}_1\dot{q}_2+{\dot{q}_2}^2\\-{\dot{q}_1}^2\end{pmatrix}\sin q_2 = 0
\tag{6·16}
$$

となる．ここに 2×2 の行列 $H(q_1,q_2)$ は次のように表される．

$$H(q_1,q_2) = \begin{pmatrix} I_1+I_2+m_2l_1{}^2+2m_2l_1s_2\cos q_2 & I_2+m_2l_1s_2\cos q_2 \\ I_2+m_2l_1s_2\cos q_2 & I_2 \end{pmatrix} \tag{6.17}$$

この場合，関節 J_0 と J_1 における駆動力は 0 としている．

図 6.1 の平面ロボットが重力下にあるとき，すなわち，O-xy 平面が**鉛直面**（Vertical plane）であり，剛体リンクが紙面の下向きに重力を受けている場合を考える．そのとき，ポテンシャルは

$$U = m_1 g s_1 \sin q_1 + m_2 g(l_1 \sin q_1 + s_2 \sin(q_1+q_2)) \tag{6.18}$$

と表される．また，関節 J_0，J_1 はモータによって駆動される外トルク（単位は N·m）u_1，u_2 を受けているとする†3．このとき，変分原理は，$L = K - U$ として，

$$\int_{t_1}^{t_2} \{\delta L + u_1 \delta q_1 + u_2 \delta q_2\}\,\mathrm{d}t = 0 \tag{6.19}$$

と表される．こうして，$\partial U/\partial q_i$ を計算すれば，垂直型ロボットの運動方程式は

$$\begin{aligned}&H(q_1,q_2)\begin{pmatrix}\ddot{q}_1\\\ddot{q}_2\end{pmatrix} - m_2 l_1 s_2 \begin{pmatrix} 2\dot{q}_1\dot{q}_2 + \dot{q}_2{}^2 \\ -\dot{q}_1{}^2 \end{pmatrix}\sin q_2 \\ &+g\begin{pmatrix}(m_1 s_1 + m_2 l_1)\cos q_1 + m_2 s_2 \cos(q_1+q_2) \\ m_2 s_2 \cos(q_1+q_2)\end{pmatrix} = \begin{pmatrix}u_1\\u_2\end{pmatrix}\end{aligned} \tag{6.20}$$

となる．右辺のモータからの駆動トルク u_1，u_2 のことを制御入力と呼ぶことがある．左辺の加速度項にかかる行列は式(6.17)と同じである．式(6.20)を教会の鐘の運動方程式（式(5.38)）と比べると，興味深いものがあろう．

> **Note**
> †3 剛体リンクの関節軸はモータ軸との間に減速機を介して回転駆動されるのが普通であるが，ここでは減速比を表に出さず，関節軸がモータ軸と同調してモータ側から外トルク u_i を受けていると仮定している．また，ここでは減速機による摩擦は無視している．

6.2 エネルギー保存の法則と受動性

Law of Energy Conservation and Passivity

前節で述べた 2 自由度平面ロボット（図 6・1）の運動方程式はラグランジュの運動方程式そのものなので，5.3 節で述べたように，エネルギー保存の法則を満足するはずである．このことをより直感できるようにするため，ラグランジュの運動方程式である式 (6・16) や式 (6・20) が，5.3 節で論じたように，式 (5・59) の形式で表現できるか確かめてみよう．そのために，式 (6・17) で示した行列 $H(q_1, q_2)$ の時間微分を計算しておこう．実際

$$\dot{H}(q_1, q_2) = -m_2 l_1 s_2 \begin{pmatrix} 2 & 1 \\ 1 & 0 \end{pmatrix} \dot{q}_2 \sin q_2 \tag{6・21}$$

となる．そこで，式 (6・16) について，式 (5・62) と同様な計算を実行してみると

$$\begin{aligned}
&-\frac{1}{2}\dot{H}(q_1, q_2) \begin{pmatrix} \dot{q}_1 \\ \dot{q}_2 \end{pmatrix} - m_2 l_1 s_2 \begin{pmatrix} 2\dot{q}_1\dot{q}_2 + \dot{q}_2{}^2 \\ -\dot{q}_1{}^2 \end{pmatrix} \sin q_2 \\
&= m_2 l_1 s_2 (\sin q_2) \left\{ \begin{pmatrix} \dot{q}_1\dot{q}_2 + \frac{1}{2}\dot{q}_2{}^2 \\ \frac{1}{2}\dot{q}_1\dot{q}_2 \end{pmatrix} - \begin{pmatrix} 2\dot{q}_1\dot{q}_2 + \dot{q}_2{}^2 \\ -\dot{q}_1{}^2 \end{pmatrix} \right\} \\
&= m_2 l_1 s_2 (\sin q_2) \begin{pmatrix} -\dot{q}_1\dot{q}_2 - \frac{1}{2}\dot{q}_2{}^2 \\ \frac{1}{2}\dot{q}_1\dot{q}_2 + \dot{q}_1{}^2 \end{pmatrix} \\
&= m_2 l_1 s_2 (\sin q_2) \left(\dot{q}_1 + \frac{1}{2}\dot{q}_2 \right) \begin{pmatrix} 0 & -1 \\ 1 & 0 \end{pmatrix} \begin{pmatrix} \dot{q}_1 \\ \dot{q}_2 \end{pmatrix} \\
&= S(\boldsymbol{q}, \dot{\boldsymbol{q}})\dot{\boldsymbol{q}} \tag{6・22}
\end{aligned}$$

となる．すなわち，式 (6・16) の左辺第二項は

$$-m_2 l_1 s_2 \begin{pmatrix} 2\dot{q}_1\dot{q}_2 + \dot{q}_2{}^2 \\ -\dot{q}_1{}^2 \end{pmatrix} \sin q_2 = \frac{1}{2}\dot{H}(\boldsymbol{q})\dot{\boldsymbol{q}} + S(\boldsymbol{q}, \dot{\boldsymbol{q}})\dot{\boldsymbol{q}} \tag{6・23}$$

と表されることになる．ここに

$$S(\boldsymbol{q}, \dot{\boldsymbol{q}}) = m_2 l_1 s_2 \left(\dot{q}_1 + \frac{1}{2} \dot{q}_2 \right) \sin q_2 \begin{pmatrix} 0 & -1 \\ 1 & 0 \end{pmatrix} \tag{6.24}$$

と定義し，これは明らかに歪対称である．こうして式(6·16)は

$$H(\boldsymbol{q}) \ddot{\boldsymbol{q}} + \frac{1}{2} \dot{H}(\boldsymbol{q}) \dot{\boldsymbol{q}} + S(\boldsymbol{q}, \dot{\boldsymbol{q}}) \dot{\boldsymbol{q}} = 0 \tag{6.25}$$

と表された．この式の両辺について，角速度ベクトル $\dot{\boldsymbol{q}}$ との内積を取ると，$S(\boldsymbol{q}, \dot{\boldsymbol{q}})$ の歪対称性から左辺第三項は $\dot{\boldsymbol{q}}$ と直交し，また

$$\dot{\boldsymbol{q}}^\top H(\boldsymbol{q}) \ddot{\boldsymbol{q}} + \frac{1}{2} \dot{\boldsymbol{q}}^\top \dot{H}(\boldsymbol{q}) \dot{\boldsymbol{q}} = \frac{\mathrm{d}}{\mathrm{d}t} \left\{ \frac{1}{2} \dot{\boldsymbol{q}}^\top H(\boldsymbol{q}) \dot{\boldsymbol{q}} \right\} \tag{6.26}$$

であるので

$$\frac{\mathrm{d}}{\mathrm{d}t} \left\{ \frac{1}{2} \dot{\boldsymbol{q}}^\top H(\boldsymbol{q}) \dot{\boldsymbol{q}} \right\} = \frac{\mathrm{d}}{\mathrm{d}t} K(\boldsymbol{q}, \dot{\boldsymbol{q}}) = 0 \tag{6.27}$$

となり，$K(\boldsymbol{q}, \dot{\boldsymbol{q}}) = \mathrm{const.}$ であること，すなわちエネルギー保存の法則が導かれた．

垂直型2自由度アームについても同様に式(6·20)は

$$H(\boldsymbol{q}) \ddot{\boldsymbol{q}} + \frac{1}{2} \dot{H}(\boldsymbol{q}) \dot{\boldsymbol{q}} + S(\boldsymbol{q}, \dot{\boldsymbol{q}}) \dot{\boldsymbol{q}} + \frac{\partial U}{\partial \boldsymbol{q}} = \boldsymbol{u} \tag{6.28}$$

と表される．ただし，$\boldsymbol{u} = (u_1, u_2)^\top$ と表した．歪対称行列 $S(\boldsymbol{q}, \dot{\boldsymbol{q}})$ は，この場合も，式(6·24)と同じである．運動方程式(6·28)については，もし関節モータの駆動力がなければ，すなわち $\boldsymbol{u} = 0$ であれば，式(6·28)と $\dot{\boldsymbol{q}}$ との間に内積をとると

$$\begin{aligned} \frac{\mathrm{d}}{\mathrm{d}t} \left\{ \frac{1}{2} \dot{\boldsymbol{q}}^\top H(\boldsymbol{q}) \dot{\boldsymbol{q}} + \dot{\boldsymbol{q}}^\top \frac{\partial U}{\partial \boldsymbol{q}} \right\} &= \frac{\mathrm{d}}{\mathrm{d}t} \{ K(\boldsymbol{q}, \dot{\boldsymbol{q}}) + U(\boldsymbol{q}) \} \\ &= 0 \end{aligned} \tag{6.29}$$

が成立する．これはエネルギー保存の法則

$$E(\boldsymbol{q}, \dot{\boldsymbol{q}}) = K(\boldsymbol{q}, \dot{\boldsymbol{q}}) + U(\boldsymbol{q}) = \mathrm{const.} \tag{6.30}$$

が成立することを表す．

Note

● 6 章　ロボットの運動方程式

ロボットの関節軸の回転トルクは，普通，モータ軸から減速機（歯車，gear）を通して起動されるので，減速機構に摩擦力[†4]が生ずる．実は，式(6·28)の歪対称行列の項である $S(\boldsymbol{q},\dot{\boldsymbol{q}})\dot{\boldsymbol{q}}$ は角速度ベクトル $\dot{\boldsymbol{q}}$ に直交する方向にあるので，仕事はしない．しかし，摩擦回転力は負の値をとる仕事（抵抗力となること）をするので，c_i を正の定数として，仮想仕事は

$$\delta W = -\sum_{i=1,2} c_i \dot{q}_i \delta q_i \tag{6·31}$$

と表されることになる．そこで関数

$$D = \frac{1}{2}\sum_{i=1,2} c_i \dot{q}_i{}^2 \tag{6·32}$$

を導入し，これを対象の力学系の **散逸関数**（Dissipation function）と呼ぼう．この散逸関数を用いると抵抗力は

$$F_i' = -\frac{\partial D}{\partial \dot{q}_i}$$

と表されるから，変分原理から導かれるラグランジュの運動方程式は

$$\frac{\mathrm{d}}{\mathrm{d}t}\left(\frac{\partial L}{\partial \dot{q}_i}\right) - \frac{\partial L}{\partial q_i} + \frac{\partial D}{\partial \dot{q}_i} = \boldsymbol{u} \tag{6·33}$$

という形になる．垂直 2 関節ロボットの場合は

$$H(\boldsymbol{q})\ddot{\boldsymbol{q}} + \frac{1}{2}\dot{H}(\boldsymbol{q}) + S(\boldsymbol{q},\dot{\boldsymbol{q}})\dot{\boldsymbol{q}} + \frac{\partial U}{\partial \boldsymbol{q}} + C\dot{\boldsymbol{q}} = \boldsymbol{u} \tag{6·34}$$

となり $C = (c_{ij})$，$c_{11} = c_1$，$c_{22} = c_2$，$c_{ij} = 0\ (i \neq j)$ と表される．なお，C は対角形なので，$C = diag(c_1, c_2)$ と書くことがある．

さて，モータ駆動トルク $\boldsymbol{u}$ や摩擦力を考慮した運動方程式(6·34)については，もはやエネルギー保存の法則は成立しない．しかし，それに代わる重要な法則を得ることができる．実際，式(6·34)と $\dot{\boldsymbol{q}}$ との内積をとると

$$\dot{\boldsymbol{q}}^\top \boldsymbol{u} = \dot{\boldsymbol{q}}^\top C \dot{\boldsymbol{q}} + \frac{\mathrm{d}}{\mathrm{d}t}\{K(\boldsymbol{q},\dot{\boldsymbol{q}}) + U(\boldsymbol{q})\} \tag{6·35}$$

となる．そこで，全エネルギーを

$$E(\boldsymbol{q}, \dot{\boldsymbol{q}}) = K(\boldsymbol{q}, \dot{\boldsymbol{q}}) + U(\boldsymbol{q})$$

で表せば,式(6·35)の両辺を時間区間 $[0, t]$ で積分することにより

$$\begin{aligned}
\int_0^t \dot{\boldsymbol{q}}^\top(\tau) \boldsymbol{u}(\tau) \, \mathrm{d}\tau & \\
= \int_0^t \dot{\boldsymbol{q}}^\top(\tau) C \dot{\boldsymbol{q}}(\tau) \, \mathrm{d}\tau &+ E(\boldsymbol{q}(t), \dot{\boldsymbol{q}}(t)) - E(\boldsymbol{q}(0), \dot{\boldsymbol{q}}(0))
\end{aligned} \tag{6·36}$$

が成立する.左辺はモータ駆動力 (u_1, u_2) が時間区間 $[0, t]$ で成した仕事を表し,右辺はこの間の摩擦によるエネルギー消散と全エネルギーの時刻 t と時刻 0 の差を取ったものを表している.これは,時間区間 $[0, t]$ にわたる力学系の**エネルギー収支の法則**(Law of energy balance)を表したものとみなすことができよう.

回転関節型ロボットの場合,ポテンシャル $U(\boldsymbol{q})$ は最小値をもつので,その値が 0 になるようにあらかじめ $U(\boldsymbol{q})$ の定数項をセットしておけば,$E(\boldsymbol{q}, \dot{\boldsymbol{q}})$ はいつも非負の値をとる.また,散逸関数は $\dot{\boldsymbol{q}}$ について正定値をとるので,式(6·36)から

$$\begin{aligned}
\int_0^t \dot{\boldsymbol{q}}^\top(\tau) \boldsymbol{u}(\tau) \, \mathrm{d}\tau &\geqq -E(\boldsymbol{q}(0), \dot{\boldsymbol{q}}(0)) + \int_0^t \dot{\boldsymbol{q}}^\top(\tau) C \dot{\boldsymbol{q}}(\tau) \, \mathrm{d}\tau \\
&\geqq -E(\boldsymbol{q}(0), \dot{\boldsymbol{q}}(0))
\end{aligned} \tag{6·37}$$

となる.このとき,方程式(6·34)に従うシステムは**受動的**(Passive)であるという.

受動性(Passivity)は工学システムの特徴づけを与える最も重要な概念の一つである.もっと直感的に受動性を理解するために,簡単で明解な例を検討してみよう.一つは図 **6·4** に示すインダクタ L,抵抗 R,キャパシタ C を直列につないだ電気回路である.もう一つは,地震計を単純化した1自由度機械系の例であり,図 **6·5** にその模式図を示す.図 6·4 に基づいて,回路の両端にかけた電圧 v と流れる電流 i の間には次の関係が成立する.

$$L \frac{\mathrm{d}}{\mathrm{d}t} i + R i + \frac{1}{C} \int_0^t i(\tau) \, \mathrm{d}\tau = v \tag{6·38}$$

Note

†4 この場合,正確には摩擦回転力(トルク)というべきだろう.

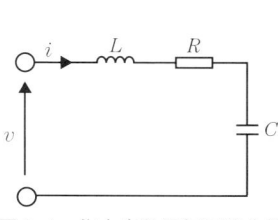

図 6·4　集中定数電気回路の例

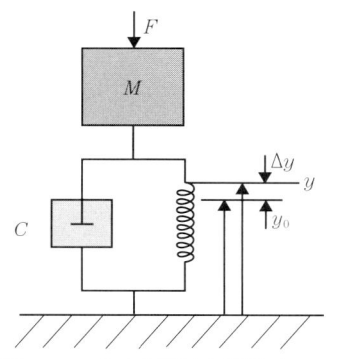

図 6·5　1 自由度機械力学系（Mass-Spring-Damper System）

ここで，キャパシタの電気量 $q(t)$ を

$$q(t) = \int_0^t i(\tau)\,\mathrm{d}\tau \tag{6·39}$$

と表して，式 (6·38) を書き直すと

$$L\ddot{q} + R\dot{q} + \frac{1}{C}q = v \tag{6·40}$$

となる．この両辺に $\dot{q}$ をかけると次式が成立する．

$$\frac{\mathrm{d}}{\mathrm{d}t}\left\{\frac{L}{2}\dot{q}^2 + \frac{1}{2C}q^2\right\} + R\dot{q}^2 = \dot{q}v$$

さらに，これを区間 $[0,t]$ で積分すると

$$\begin{aligned}
\int_0^t \dot{q}(\tau)v(\tau)\,\mathrm{d}\tau &= \int_0^t i(\tau)v(\tau)\,\mathrm{d}\tau \\
&= E(t) - E(0) + \int_0^t R\dot{q}^2(\tau)\,\mathrm{d}\tau \\
&\geqq -E(0) + \int_0^t Ri^2(\tau)\,\mathrm{d}\tau
\end{aligned} \tag{6·41}$$

となる．つまり，電気回路の端子間入力電圧と流れる出力電流 i の間にエネルギー収支の式 (6·41) が成立し，受動性が成り立つ．一般に，電気工学ではインダクタ，レジスタ，キャパシタを受動回路素子といい，これらの素子から構成される 2 端

子回路では受動性が成り立つ．図 6·5 の 1 自由度機械系ではスプリングの定常位置からの伸び縮みを $x = \Delta y$ で表すと，その運動は

$$M\ddot{x} + C\dot{x} + Kx = F \tag{6·42}$$

に従う．その結果

$$\int_0^t \dot{x}(\tau)F(\tau)\,\mathrm{d}\tau = E(t) - E(0) + \int_0^t C\dot{x}^2(\tau)\,\mathrm{d}\tau \tag{6·43}$$

が成立することがわかる．ここに

$$E = \frac{M}{2}\dot{x}^2 + \frac{K}{2}x^2 \tag{6·44}$$

である．

　ロボットの運動方程式は，これらの 1 自由度系（これらは線形のシステムである）に比べて，はるかに複雑で，しかも非線形な微分方程式であり，それを解析的に解くことはできない．しかし，エネルギー収支の法則や受動性が成立するので，ロボットは決して制御できない力学系ではないと思えてくるだろう．

6.3　ラグランジュ安定とロボット姿勢制御

Lagrange Stability and Robot Position Control

　水は低きに流れる．振り子はやがて鉛直下の位置で止まる．天井走行型クレーン（図 5·3 参照）では，走行車をいきなり止めると，ロープに吊り下げた荷物は揺れるが，ロープと荷物はやがて鉛直下の状態で動きは止まる．図 6·2 に示した 2 自由度平面ロボットが鉛直面下にある場合でも，モータによるトルク駆動をなくすと，関節軸まわりの静摩擦が十分に小さければ，自由回転することになった剛体リンクは，中途で環境物体に邪魔されない限り，連なって鉛直下に向かい，まっすぐ下に向かった姿勢のままにとどまるだろう．このように力学系が静止の状態に向かい，やがて静止状態にとどまることは，運動を表現するラグランジュ

Note

● 6章　ロボットの運動方程式

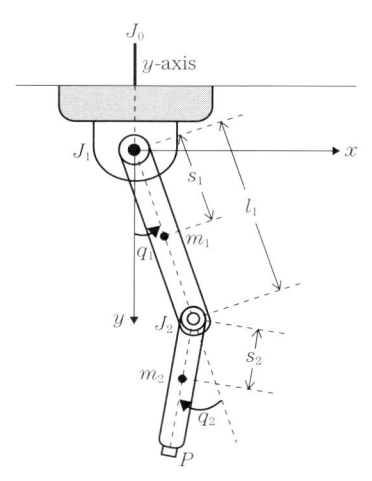

図6・6　天井型垂直多関節ロボット

の運動方程式から予測できるはずであろう．

　自由度が1のマス–ダンパ–バネ系については，この静止状態へ向かう状況がエネルギー収支の観点から詳しく説明されている（1.5節参照）．ここでは，改めて，2自由度の垂直多関節型ロボットについて考えてみよう（**図6・6**参照）．これは天井から下がった形で作業を行う垂直多関節型ロボットの一例であるが，第一関節 J_0 の回転軸は紙面に沿った y 軸と想定するのだが，ここではこの回転は止めているとする．そして，紙面に直交する z 軸を回転軸とする関節 J_1 と J_2 の回転運動はフリーである場合を想定する．このとき，ロボットの運動はラグランジュの運動方程式（式(6・34)）に従う．そこでポテンシャル $U(q_1, q_2)$ を図6・6から具体的に求めると[†5]

$$U(q_1, q_2) = -(m_1 g s_1 + m_2 g l_1) \cos q_1 - m_2 g s_2 \cos(q_1 + q_2) \quad (6・45)$$

となる．関節 J_1 と J_2 ではモータ駆動を止めて自由回転であるとしているので，式(6・34)では $\boldsymbol{u} = 0$ である．そこで，式(6・36)を t で微分することにより，式

$$\frac{d}{dt} E(\boldsymbol{q}(t), \dot{\boldsymbol{q}}(t)) = -\dot{\boldsymbol{q}}^\top(t) C \dot{\boldsymbol{q}}(t) \quad (6・46)$$

が成立していることがわかる．ここに E は運動エネルギーとポテンシャル（位置

のエネルギー）を合わせた全エネルギーであり，$\dot{\boldsymbol{q}}(t)$ に関しては正定関数なので，$\dot{\boldsymbol{q}}(t)$ が 0 に向かうとき，$K(\boldsymbol{q}(t), \dot{\boldsymbol{q}}(t))$ は 0 に向かう．ポテンシャルは下に有界（ある定数値以下にはならない）なので，最小値をもつはずであるが，$\dot{\boldsymbol{q}}(t)$ がゼロでない限り，式(6·46)から $E(\boldsymbol{q}(t), \dot{\boldsymbol{q}}(t))$ は減少していくので，最終的にポテンシャルの最小値のところまで行くように思えるであろう．そこで，まずはポテンシャルの最小値を求めておこう．そのために，U の q_1, q_2 に関する偏微分（勾配ベクトル）を求めると

$$\begin{cases} \dfrac{\partial U}{\partial q_1} = (m_1 g s_1 + m_2 g l_1) \sin q_1 + m_2 g s_2 \sin(q_1 + q_2) \\ \dfrac{\partial U}{\partial q_2} = m_2 g s_2 \sin(q_1 + q_2) \end{cases} \quad (6·47)$$

となる．これらが共に 0 になるためには，$q_1 = 0$ かつ $q_2 = 0$ でなければならない．このとき U は最小値

$$\min_{q_1, q_2} U(q_1, q_2) = -m_1 g s_1 - m_2 g (l_1 + s_2) = U_m \quad (6·48)$$

をとる[†6]．そこで，ポテンシャルを

$$\bar{U}(\boldsymbol{q}) = U(q_1, q_2) - U_m \quad (6·49)$$

とかさ上げしておこう．ポテンシャルの定数項を任意にとっても，ラグランジュの運動方程式は全く変わらないことに注意しておく．式(6·46)は，このとき

$$\frac{\mathrm{d}}{\mathrm{d}t} \bar{E}(\boldsymbol{q}, \dot{\boldsymbol{q}}) = -\dot{\boldsymbol{q}}^\top C \dot{\boldsymbol{q}} \quad (6·50)$$

と表される．ここに

$$\bar{E}(\boldsymbol{q}, \dot{\boldsymbol{q}}) = K(\boldsymbol{q}, \dot{\boldsymbol{q}}) + \bar{U}(\boldsymbol{q}) \quad (6·51)$$

と定義した．再定義した $\bar{E}$ は位置ベクトル $\boldsymbol{q}$ と速度ベクトル $\dot{\boldsymbol{q}}$ について正定関数となり，最小値は $\min E = 0$ である．そして，式(6·50)から，$\dot{\boldsymbol{q}}(t)$ が 0 でない

> [†5] この場合のポテンシャルはすでに式(6·18)で与えられているが，図6·6では図6·2とは異なった角度 q_1, q_2 の取り方をしている．しかし，議論の本質は全く変わらないことにも注意しておく．
> [†6] 数学的に厳密に論じるには，2×2 のヘシアン行列（$\partial^2 U / \partial q_i \partial q_j$）をとって，それが $q_1 = q_2 = 0$ において正定行列になることを確かめる必要がある．

●6章　ロボットの運動方程式

限り，$\bar{E}$ は減少していくことから，$t \to \infty$ のとき $\bar{E}(\boldsymbol{q}(t), \dot{\boldsymbol{q}}(t)) \to 0$ となることが予想できそうである．すなわち，$t \to \infty$ のとき $K(\boldsymbol{q}(t), \dot{\boldsymbol{q}}(t)) \to 0$ であり，かつ $\bar{U}(\boldsymbol{q}(t)) \to 0$ であると考えられる．$\bar{U}(\boldsymbol{q}) = 0$ はロボットの二つの剛体リンクが連なって真下に向かって静止していることを表している．式(6.50)からこうした予想が力学的（数学的にも）に正しいことが示されており，このポテンシャル最小値をとる姿勢をラグランジュの意味で安定，あるいは単に**ラグランジュ安定**（Lagrange's stability）であるという．しかし，厳密な証明は数学的にも高度になるので，これ以上の議論は本書ではしない．

ラグランジュ安定の力学的な意味を理解して，2自由度平面ロボットの姿勢制御の問題を考えてみたい．ここでは平面ロボットは水平面に据えられていて，関節運動は重力の影響を受けないが，摩擦はあるとする．このとき，ロボットの運動方程式は

$$H(\boldsymbol{q})\ddot{\boldsymbol{q}} + \frac{1}{2}\dot{H}(\boldsymbol{q})\dot{\boldsymbol{q}} + S(\boldsymbol{q}, \dot{\boldsymbol{q}})\dot{\boldsymbol{q}} + C\dot{\boldsymbol{q}} = \boldsymbol{u} \qquad (6 \cdot 52)$$

と表される．ここで，関節駆動トルク u_1，u_2 をそれぞれモータで生成して，外トルクとして与え，関節位置をある指定した角度ベクトル $\boldsymbol{q}_d$ $(= (q_{1d}, q_{2d})^\top)$ にもっていき，安定的にその位置で静止させたい．関節角 q_1，q_2 は測定できるとして，所望の角度 q_{1d}，q_{2d} との差を取って，関節駆動トルクを

$$\boldsymbol{u} = -P(\boldsymbol{q} - \boldsymbol{q}_d) \qquad (6 \cdot 53)$$

として生成できるとしよう．ここに P は 2×2 の正定定数行列であり，これを**位置フィードバック**（Position feedback）の**ゲイン行列**（Gain matrix）という．このとき，式(6.53)の $\boldsymbol{u}$ を式(6.52)に代入すると，ロボットの運動は方程式

$$H(\boldsymbol{q})\ddot{\boldsymbol{q}} + \left\{\frac{1}{2}\dot{H}(\boldsymbol{q}) + S(\boldsymbol{q}, \dot{\boldsymbol{q}}) + C\right\}\dot{\boldsymbol{q}} + P(\boldsymbol{q} - \boldsymbol{q}_d) = 0 \qquad (6 \cdot 54)$$

に従うであろう．これを**閉ループダイナミクス**（Closed-loop dynamics）という．この式と $\dot{\boldsymbol{q}}$ の内積をとると

$$\frac{d}{dt}\left\{K(\boldsymbol{q}, \dot{\boldsymbol{q}}) + \frac{1}{2}(\boldsymbol{q} - \boldsymbol{q}_d)^\top P(\boldsymbol{q} - \boldsymbol{q}_d)\right\} = -\dot{\boldsymbol{q}}^\top C\dot{\boldsymbol{q}} \qquad (6 \cdot 55)$$

が成立する．式(6·50)と式(6·55)を比較してみよう．式(6·55)の場合，式(6·50)のポテンシャル $\bar{U}$ に代わって，2次形式

$$U_0(\boldsymbol{q}) = \frac{1}{2}(\boldsymbol{q}-\boldsymbol{q}_d)^\top P(\boldsymbol{q}-\boldsymbol{q}_d) \tag{6·56}$$

が用いられている．そして

$$E(\boldsymbol{q}, \dot{\boldsymbol{q}}) = K(\boldsymbol{q}, \dot{\boldsymbol{q}}) + U_0(\boldsymbol{q}) \tag{6·57}$$

とすれば，式(6·55)は式(6·50)のように表されていることになる．そして，この場合 $E(\boldsymbol{q}, \dot{\boldsymbol{q}})$ の最小値は $\dot{\boldsymbol{q}} = 0$ かつ，$\boldsymbol{q} = \boldsymbol{q}_d$ のときに，また，そのときに限って実現する．こうしてラグランジュ安定の意味することから，閉ループダイナミクスの解 $\boldsymbol{q}(t), \dot{\boldsymbol{q}}(t)$ について，$t \to \infty$ のとき，$\boldsymbol{q}(t) \to \boldsymbol{q}_d, \dot{\boldsymbol{q}}(t) \to 0$ ということが結論できる．

6.4 ロボットの運動方程式

Robot Equation of Motion

　自由度が3以上のロボットの運動方程式の導出はかなり難しくなる．現在では，よく洗練され，非常に組織的に整理された方法をコンピュータに実装し，自動的に式計算させることで運動方程式を求めることができる．しかし，ロボットの動力学的挙動と物理的性質を理解するには，2自由度ロボットの特徴を詳細に学んでおくことが重要である．そこで，いままで調べた2自由度平面ロボットとは異なり，同じ2自由度ではあるが，二つの関節軸が直交するロボットの例を調べてみよう（図6·7）．図6·2と図6·7の違いは，前者では二つの回転軸が紙面に垂直に向き，運動が平面的であるのに対して，後者では，第一関節の回転軸は鉛直方向にあり，第二関節の軸は常に xy 平面（水平面）にある．この図6·7のロボットの先端に関節を設け，もう一つの剛体リンクを連結させると，産業ロボットとしてよく使われる典型的な垂直多関節ロボットになる．

Note

●6章　ロボットの運動方程式

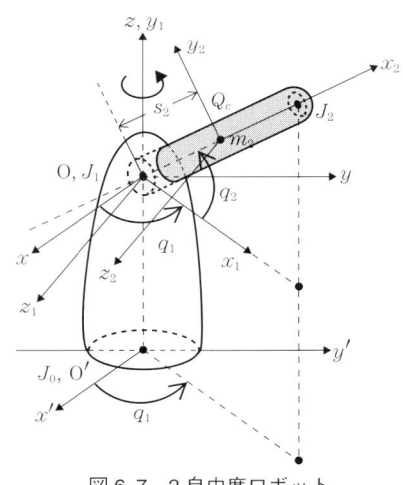

図6・7　2自由度ロボット

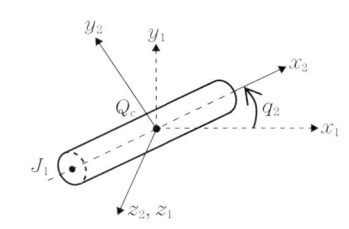

図6・8　剛体の質量中心を原点とした三つの主軸

　図 6・7 に示す 2 自由度ロボットの運動方程式を導くには，いくつかの条件を整えておかないと数式が複雑になる．ここでは第一剛体リンクの z 軸まわりの慣性モーメントを I_{1z} とし，z 軸と第二リンクの回転軸（これを z_1 軸とする）とは直交した上で，J_1 で交差するとする．最初に第一リンクの回転軸上に固定したカーテシアン座標系 O-xyz を図 6・7 のようにとる．次いで第一リンクの z 軸まわりの回転角を q_1 とするが，関節 J_1 を中心に座標系 J_1-$x_1y_1z_1$ を図 6・7 に示すようにとる．このとき，x 軸と x_1 軸のなす角度が q_1 になり，y_1 軸は z 軸と一致し，第一リンクの回転軸となる．次いで，J_1 と第二リンクの質量中心 Q_c と結ぶ直線上に x_2 軸をとり，z_2 軸は z_1 軸と同一方向にとり，y_2 軸は Q_c-$x_2y_2z_2$ が右手直交系をなすようにとる（図 **6・8** 参照）．

　第一リンクの y_1 軸まわりの回転エネルギーは

$$K_1 = \frac{1}{2} I_{1z} \dot{q}_1{}^2 \tag{6.58}$$

と表される．第二リンクの z_1 軸まわりの回転による運動エネルギーは，剛体に関する平行軸の定理（3.3節参照）から

$$K_2 = \frac{1}{2}(m_2 s_2{}^2 + I_{2z})\dot{q}_2{}^2 \tag{6.59}$$

で表される．ここに s_2 は J_1 から Q_c までの直線の長さ，I_{2z} は第二リンクの Q_c における z_2 軸まわりの慣性モーメントである．他方，第二リンクの y_1 軸まわりの回転で生じている運動エネルギーも考えねばならないが，もし $q_2 = 0$ ならば，第二リンクが水平状態になるので，y_1 まわりに回転する運動エネルギーは平行軸の定理から

$$\left(\frac{1}{2}m_2 s_2{}^2 + \frac{1}{2}I_{2y}\right)\dot{q}_1{}^2 \tag{6.60}$$

となろう．もし $q_2 = \pi/2$ ならば，第二リンクの y_1 軸まわりの回転で生じている運動エネルギーは $(1/2)I_{2x}\dot{q}_1{}^2$ となる．これら二つの特別な状態の中間にあって，第二リンクを角度 q_2 だけ上向きに（下向きでもおなじことだが）傾けたときの運動エネルギーは

$$K_{12} = \frac{1}{2}I_{2x}\dot{q}_1{}^2 \sin^2 q_2 + \frac{1}{2}(m_2 s_2{}^2 + I_{2y})\dot{q}_1{}^2 \cos^2 q_2 \tag{6.61}$$

となるはずである[†7]．さらに，二つの回転軸 y_1 軸と z_1 軸が直交し，J_1 で交差することから，運動エネルギーには $\dot{q}_1$ と $\dot{q}_2$ の積に関する項が現れないことがわかる[†8]．こうして，全運動エネルギーは

$$\begin{aligned}K = &\frac{1}{2}\left\{I_{1z} + I_{2x}\sin^2 q_2 + (m_2 s_2{}^2 + I_{2y})\cos^2 q_2\right\}\dot{q}_1{}^2 \\ &+ \frac{1}{2}\left\{m_2 s_2{}^2 + I_{2z}\right\}\dot{q}_2{}^2\end{aligned} \tag{6.62}$$

となる．ポテンシャルエネルギーは，第一リンクには関係しないので，次のようになる．

$$U = m_2 g s_2 \sin q_2 \tag{6.63}$$

こうして，運動方程式は式 (6.25) の形式で表されることが示された．なお，運動エネルギーは，慣性行列 $H(q_1, q_2)$ によって

Note
[†7] このことはきちんと計算して確かめる必要がある．しかし，それには少々の計算ステップを要するので，演習問題 3 から続いて 9 までに示している．
[†8] このことも，理論的に確かめる必要があり，これを演習問題 9 としている．

●6章 ロボットの運動方程式

$$K = \frac{1}{2}\dot{\boldsymbol{q}}^\top H(\boldsymbol{q})\dot{\boldsymbol{q}} \tag{6.64}$$

と表されるが，この場合 $H(\boldsymbol{q}) = (h_{ij}(\boldsymbol{q}))$ は次のようになる．

$$\begin{cases} h_{11}(\boldsymbol{q}) = I_{1z} + I_{2x}\sin^2 q_2 + (m_2 s_2{}^2 + I_{2y})\cos^2 q_2 \\ h_{22}(\boldsymbol{q}) = m_2 s_2{}^2 + I_{2z} \\ h_{12}(\boldsymbol{q}) = h_{21}(\boldsymbol{q}) = 0 \end{cases} \tag{6.65}$$

この慣性行列の中に非対角項が現れない（0になっている）ことに注意されたい．

最後に，実用的に設計し，製作されているロボットでは，第一リンクと第二リンクの二つの軸は交差させないで，**オフセット**（Offset）と呼ばれる軸間距離 d をいくらかもたせている（図 **6.9** 参照）．オフセットの導入によって，ロボットの可動範囲は広がるが，運動方程式は少し複雑になる．慣性行列には非対角部分が現れることに注意しておこう．詳細は演習問題 10 とその解答を参照されたい．

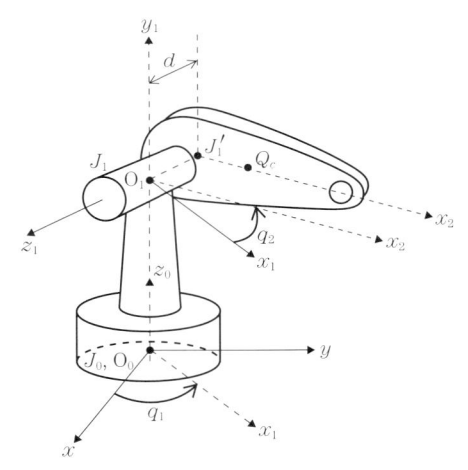

図6.9　垂直多関節ロボット（オフセットがある場合）

理解度 Check

- [ ] 2自由度平面ロボットアームの運動方程式は，変分原理に従えば，ラグランジュの運動方程式で表されることを理解した．
- [ ] 図6·1の2自由度平面ロボットについては，3.4節でも運動方程式が明示されている．この式(3·55)の導出方法はニュートン・オイラー法と呼ばれ，式(6·16)の導き方はラグランジュ法と呼ばれる．そこで，式(3·55)と式(6·16)が一致することを確認してみると，理解がより一層深くなる．
- [ ] 2自由度平面ロボットアームの運動は，関節回転軸が平行であり，このことから全運動エネルギーが式(6·13)で求まることを理解した．
- [ ] ロボットアームについても，外トルクやエネルギー散逸項がなければ，エネルギー保存の法則が成り立つことを学んだ．
- [ ] ラグランジュ安定の力学的意味を理解した．
- [ ] 自由度2の垂直多関節型ロボットの運動方程式は，平面ロボットとは異なり，二つの回転軸は互いに直交する．第一リンクの回転軸は固定であるが，そのまわりに伴って第二リンクの回転軸が水平面でまわっていることをチェックした．
- [ ] 実用的なロボットの設計では，二つの剛体リンクの関節間にオフセットを設けるのが普通である（図6·9参照）．その理由を理解するとともに，オフセットを設けることで運動方程式がどのように変わったか，再度チェックしてみよう．

6章 ロボットの運動方程式

Training 演習問題

1 式(6·12)の導出について，3次元ベクトル表示した $\boldsymbol{\omega}$ と $\boldsymbol{r}_{2C}$ について外積 $\boldsymbol{\omega} \times \boldsymbol{r}_{2C}$ を求めよ．そして，$\boldsymbol{v}_1 = l(\cos q_1, \sin q_1, 0)^\top$ として，$\boldsymbol{v}_1^\top (\boldsymbol{\omega} \times \boldsymbol{r}_{2C})$ を求め，式(6·12)が得られることを確かめよ．

2 図6·1の2自由度平面ロボットの運動エネルギーは式(6·13)で表されるが，その特別な場合として，教会の鐘（図4·4）の運動エネルギーが式(5·34)で表されることを確認せよ．逆に，式(5·34)から式(6·13)は示唆できないことを確かめ，式(6·6)から式(6·12)までの数式展開が必要であったことを理解したい．

3 図6·7と図6·8に基づいて，第二剛体リンクの質量中心に取りつけた座標系 Q_c-$x_2 y_2 z_2$ で微小質量 dm_2 の位置を $^2\boldsymbol{r}_{m2} = (x_2, y_2, z_2)^\top$ で表す．この位置ベクトルは，関節 J_1 に設定した座標系 J_1-$x_1 y_1 z_1$ では

$$\begin{pmatrix} ^1\boldsymbol{r}_{m2} \\ 1 \end{pmatrix} = \begin{pmatrix} \cos q_2 & -\sin q_2 & 0 & s_2 \cos q_2 \\ \sin q_2 & \cos q_2 & 0 & s_2 \sin q_2 \\ 0 & 0 & 1 & 0 \\ \hdashline 0 & 0 & 0 & 1 \end{pmatrix} \begin{pmatrix} ^2\boldsymbol{r}_{m2} \\ 1 \end{pmatrix} \quad (*)$$

となることを示せ．なお，記法

$$R_z(q_2) = \begin{pmatrix} \cos q_2 & -\sin q_2 & 0 \\ \sin q_2 & \cos q_2 & 0 \\ 0 & 0 & 1 \end{pmatrix}, \quad ^1\boldsymbol{r}_{c2} = \begin{pmatrix} s_2 \cos q_2 \\ s_2 \sin q_2 \\ 0 \end{pmatrix}$$

を用いれば，式$(*)$ は

$$\begin{pmatrix} ^1\boldsymbol{r}_{m2} \\ 1 \end{pmatrix} = \begin{pmatrix} R_z(q_2) & ^1\boldsymbol{r}_{c2} \\ \hdashline 0 \ 0 \ 0 & 1 \end{pmatrix} \begin{pmatrix} ^2\boldsymbol{r}_{m2} \\ 1 \end{pmatrix} = A_2 \begin{pmatrix} ^2\boldsymbol{r}_{m2} \\ 1 \end{pmatrix}$$

と表される．$R_z(q_2)$ は z_1 軸まわりの3次元回転行列を表し，$^1\boldsymbol{r}_{c2}$ は第二リンクの質量中心の位置を J_1-$x_1 y_1 z_1$ で表示した位置ベクトルを表す．

演習問題

4 図 6·7 において,座標系 J_1-$x_1y_1z_1$ で表示したベクトル $^1\boldsymbol{r}_{m2}$ は固定した慣性座標系 O-xyz で表すと,

$$^0\boldsymbol{r}_{m2} = A_1 \begin{pmatrix} ^1\boldsymbol{r}_{m2} \\ 1 \end{pmatrix} = A_1 A_2 \begin{pmatrix} ^2\boldsymbol{r}_{m2} \\ 1 \end{pmatrix} \quad (**)$$

と表現できることを示せ.ここに

$$A_1 = \begin{pmatrix} & & & | & 0 \\ & R_y(q_1) & & | & 0 \\ & & & | & 0 \\ \hline 0 & 0 & 0 & | & 1 \end{pmatrix}, \quad R_y(q_1) = \begin{pmatrix} \cos q_1 & 0 & \sin q_1 \\ \sin q_1 & 0 & -\cos q_1 \\ 0 & 1 & 0 \end{pmatrix}$$

である.$R_y(q_1)$ は y 軸まわりの回転行列を表すが,これが直交行列であることを確かめよ.

5 続いて,微小質量 dm_2 の運動エネルギーは次のように表されることを示せ.

$$\frac{1}{2}\left(\boldsymbol{v}_{m2}^\top \boldsymbol{v}_{m2}\right)dm_2 = \frac{1}{2}\left(^2\boldsymbol{r}_{m2}\right)^\top \left\{\dot{q}_1{}^2 B_{11} + \dot{q}_2{}^2 B_{22} + \dot{q}_1\dot{q}_2(B_{12}+B_{21})\right\}^2\boldsymbol{r}_{m2}$$
$$(***)$$

ここに

$$B_{11} = A_2^\top \left(\frac{\partial A_1}{\partial q_1}\right)^\top \left(\frac{\partial A_1}{\partial q_1}\right) A_2$$
$$B_{22} = \left(\frac{\partial A_2^\top}{\partial q_2}\right) A_1^\top A_1 \left(\frac{\partial A_2}{\partial q_2}\right)$$
$$B_{12} = A_2^\top \left(\frac{\partial A_1}{\partial q_1}\right)^\top A_1 \left(\frac{\partial A_2}{\partial q_2}\right)$$
$$B_{21} = B_{12}^\top$$

6 続いて,B_{11}, B_{22}, B_{12} $(= B_{21}^\top)$ を具体的に求めよ.

7 続いて，微小質量 $\mathrm{d}m_2$ のもつ運動エネルギーを剛体リンク全体に体積積分することで，第二リンクの運動エネルギーが次のように表記できることを示せ．

$$\begin{aligned}
K_2 &= \frac{1}{2}\int_V (\boldsymbol{v}_{m2}^\top \boldsymbol{v}_{m2})\,\mathrm{d}m_2 \\
&= \frac{1}{2}\mathrm{trace}\left[\left\{\int_V (^2\boldsymbol{r}_{m2})(^2\boldsymbol{r}_{m2})^\top \mathrm{d}m_2\right\}\left\{\dot{q}_1{}^2 B_{11} + \dot{q}_2{}^2 B_{22}\right.\right.\\
&\qquad\left.\left. + \dot{q}_1\dot{q}_2(B_{12}+B_{21})\right\}\right] \\
&= \frac{1}{2}\mathrm{trace}\begin{pmatrix} J_{xx} & J_{xy} & J_{xz} \\ J_{yx} & J_{yy} & J_{yz} \\ J_{zx} & J_{zy} & J_{zz} \end{pmatrix}\left(\dot{q}_1{}^2 B_{11} + \dot{q}_2^2 B_{22} + \dot{q}_1\dot{q}_2(B_{12}+B_{21})\right)
\end{aligned}$$

ここに

$$J_{xx} = \int_V x_2{}^2 \,\mathrm{d}m_2, \qquad J_{xy} = \int_V x_2 y_2 \,\mathrm{d}m_2$$

であり，J_{yy}，J_{zz}，J_{xz}，J_{yz} も同様である．

8 続いて，剛体リンクの慣性テンソルを用いると

$$\begin{aligned}
J_{xx} &= \frac{-I_{xx}+I_{yy}+I_{zz}}{2}, & J_{xy} &= -I_{xy} \\
J_{yy} &= \frac{-I_{yy}+I_{zz}+I_{xx}}{2}, & J_{yz} &= -I_{yz} \\
J_{zz} &= \frac{-I_{zz}+I_{xx}+I_{yy}}{2}, & J_{zx} &= -I_{zx}
\end{aligned}$$

と表されることを示せ（3.3 節参照）．

9 続いて，第二リンクの慣性テンソルの非対角項が 0 ならば，すなわち，$I_{xy} = I_{yz} = I_{zx} = 0$ ならば

$$\begin{aligned}
K_2 &= \frac{1}{2}\int_V \|\boldsymbol{v}_{m2}\|^2 \,\mathrm{d}m_2 \\
&= \frac{1}{2}\left(I_{2x}\sin^2 q_2 + I_{2y}\cos^2 q_2 + m_2 s_2{}^2\right)\dot{q}_1{}^2 + \frac{1}{2}(m_2 s_2{}^2 + I_{2z})\dot{q}_2{}^2
\end{aligned}$$

となることを示せ．

10 図 6·9 に示すように，関節中心 O_1 と J_1' の間にオフセット d があるとき，演習問題 3，4 で導入した 4×4 行列 A_2 を次のように変えれば，演習問題 4 から 9 と同様な式展開することによって，K_2 には $\dot{q}_1$ と $\dot{q}_2$ の積 $\dot{q}_1\dot{q}_2$ に関する項が現れることを確かめよ．

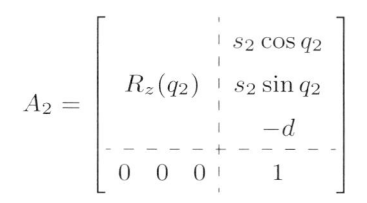

$$A_2 = \left[\begin{array}{ccc|c} & & & s_2\cos q_2 \\ & R_z(q_2) & & s_2\sin q_2 \\ & & & -d \\ \hline 0 & 0 & 0 & 1 \end{array}\right]$$

- 演習問題の解答

Answer 演習問題の解答

1章

1
1. $m\ddot{x} = 0$
2. 位置：$x(t) = v_0 t + x_0$，速度：$\dot{x}(t) = v_0$
3. 位置：$x(5) = 150\,\mathrm{m}$，速度：$v(5) = 10\,\mathrm{m/s}$
4. 図 1，図 2 参照．

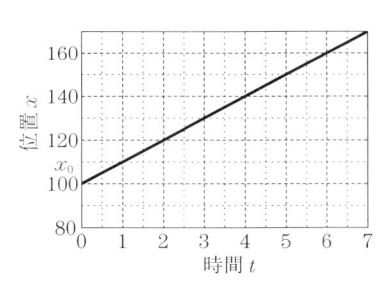

図 1　4. の解答（x-t グラフ）

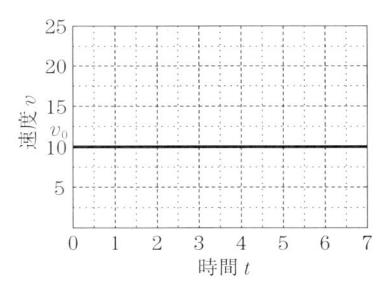

図 2　4. の解答（v-t グラフ）

5. 例えば，$t = 5\,\mathrm{s}$ までの面積は $10\,\mathrm{m/s} \times (5\,\mathrm{s} - 0\,\mathrm{s}) = 50\,\mathrm{m/s}$ となっており，これは $5\,\mathrm{s}$ 間の変位量 $\Delta x = x(5) - x(0) = 150\,\mathrm{m} - 100\,\mathrm{m} = 50\,\mathrm{m}$ と一致している．
6. $K(t) = \dfrac{1}{2} m v_0^{\,2}$

2
1. $m\ddot{x} = mg$
2. 位置：$x(t) = \dfrac{1}{2} g t^2 + v_0 t + x_0$，速度：$\dot{x}(t) = gt + v_0$
3. 位置：$x(5) = 272.5\,\mathrm{m}$，速度：$v(5) = 59\,\mathrm{m/s}$
4. 図 3，図 4，図 5 参照．
5. $\dfrac{1}{2} m \dot{x}^2(t_1) - mgx(t_1) = \dfrac{1}{2} m v_0^{\,2} - mgx_0$，$K(t) = \dfrac{1}{2} m \dot{x}^2(t)$，$U(t) = -mgx(t)$（※ x 軸の正方向を下向きに取っているので，位置エネルギー

はマイナスになる.)

6. (略)

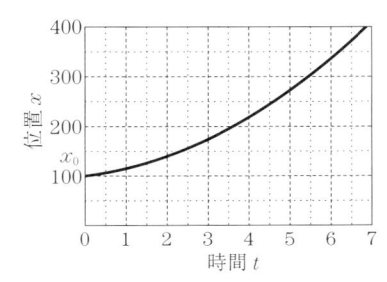

図3 4.の解答（x-t グラフ）

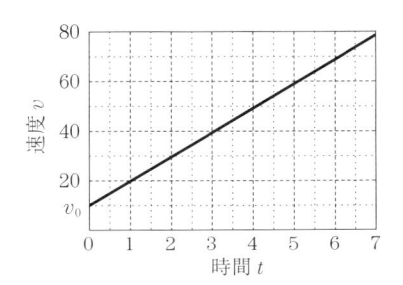

図4 4.の解答（v-t グラフ）

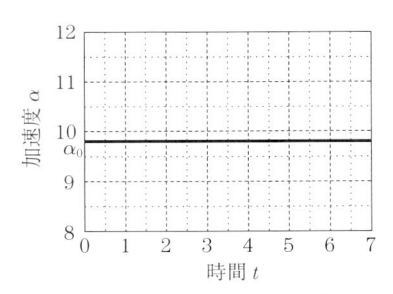

図5 4.の解答（α-t グラフ）

3
1. $m\ddot{x} = mg - c\dot{x}$
2. (略)
3. $\dot{x}(t) = \dfrac{mg}{c}\left(1 - \mathrm{e}^{-\frac{c}{m}t}\right)$
4. $\dot{x}(\infty) = \dfrac{mg}{c}$
5. 運動方程式の両辺に $\dot{x}$ を掛けて，0 から t の時間積分を取ると

$$\left[\frac{1}{2}m\dot{x}^2(t')\right]_0^t = \left[mgx(t')\right]_0^t - \int_0^t c\dot{x}^2(t')\,\mathrm{d}t'$$

となる．$K(t) = \dfrac{1}{2}m\dot{x}^2(t)$, $U(t) = -mgx(t)$ であることを用いれば以下のエネルギーの関係を得る．

● 演習問題の解答

$$K(t) + U(t) + \int_0^t c\dot{x}^2(t')\,\mathrm{d}t' = K(0) + U(0)$$

4
1. x 軸方向：$m\ddot{x} = F_0\cos\theta$
   y 軸方向：$m\ddot{y} = F_0\sin\theta + N - mg$
2. $N = mg - F_0\sin\theta$
3. 位置：$\boldsymbol{r}(t) = (\dfrac{1}{2m}F_0\cos\theta t^2, 0)^\top$，速度：$\dot{\boldsymbol{r}}(t) = (\dfrac{1}{m}F_0\cos\theta t, 0)^\top$
4. $\boldsymbol{r}(5) = (\dfrac{25}{2m}F_0\cos\theta, 0)^\top$ より $\Delta\boldsymbol{r} = (\dfrac{25}{2m}F_0\cos\theta, 0)^\top$ となるので，
   $\boldsymbol{F}_0^\top\Delta\boldsymbol{r} = \dfrac{25}{2m}(F_0\cos\theta)^2$
5. $\dfrac{1}{2}m\dot{\boldsymbol{r}}^\top(5)\dot{\boldsymbol{r}}(5) - \dfrac{1}{2}m\dot{\boldsymbol{r}}^\top(0)\dot{\boldsymbol{r}}(0) = \dfrac{1}{2}m(\dfrac{5}{m}F_0\cos\theta)^2 = \dfrac{25}{2m}(F_0\cos\theta)^2$

5 （略）

2 章

1
1. $mr_1^2\omega_0$
2. $\dfrac{1}{2}m(r_1\omega_0)^2$
3. 4 倍

2
1. x 軸方向：$m\ddot{x} = -T\cos\theta$
   y 軸方向：$m\ddot{y} = -T\sin\theta - mg$
2. $\dfrac{1}{2}m(r\dot{\theta}(t))^2 + mgr\sin\theta(t) = \dfrac{1}{2}m{v_0}^2 - mgr$
3. $T = m\dfrac{{v_0}^2}{r} - mg(2 + 3\sin\theta)$
4. $v_0 \geqq \sqrt{5gr}$
5. $mr^2\dot{\theta}$
6. $mr^2\ddot{\theta} = -mgr\cos\theta$
7. （略）

3 慣性系を 0，ローカル座標系を 1 とすると，ローカル座標系から見て質点は動いていないので，式 $(2\cdot 60)$ において

$$\dfrac{\mathrm{d}^{*2\,1}\boldsymbol{r}}{\mathrm{d}t^2} = \boldsymbol{0}, \qquad \dfrac{\mathrm{d}^{*\,1}\boldsymbol{r}}{\mathrm{d}t} = \boldsymbol{0}$$

となる．また，質点の等速円運動をするので，各加速度は $^1\dot{\boldsymbol{\omega}} = \boldsymbol{0}$ となる．以上を適用すると

$$m(^1R_0\,^0\boldsymbol{\omega}_1) \times \left[(^1R_0\,^0\boldsymbol{\omega}_1) \times {^1\boldsymbol{r}}\right] = {^1\boldsymbol{T}}$$

を得る．この式は，座標系1でのつりあいの式を示している．$^1\boldsymbol{\omega}_1 = {^1R_0\,^0\boldsymbol{\omega}_1} = (0, 0, \omega_0)^\top$，$^1\boldsymbol{r} = (r, 0, 0)^\top$ であることを用いれば，式 (2·31) で求めた関係 $mr\omega_0^2 = T$ を得る．

3章

1 1. 棒が動くことにより関節部で受ける力を $\boldsymbol{f}_1$ (力の大きさ f_1)，重力加速度 $\boldsymbol{g} = (0, g, 0)^\top$，$\boldsymbol{\omega} = (0, 0, \dot{\theta})^\top$ とする．
　　質量中心の並進の運動方程式：$m\ddot{\boldsymbol{r}}_G = \boldsymbol{f}_1 - m\boldsymbol{g}$
　　質量中心の回転の運動方程式：$I_G \dot{\boldsymbol{\omega}} = -\boldsymbol{r}_G \times \boldsymbol{f}_1$
2. $(I_G + ml_g^2)\ddot{\theta} = -mgl_g \cos\theta$
3. $\dfrac{1}{2}(I_G + ml_g^2)\dot{\theta}^2(t) + mgl_g \sin\theta(t) = \dfrac{1}{2}(I_G + ml_g^2)\dot{\theta}^2(0) + mgl_g \sin\theta(0)$

2 1. $I_{xx} = \dfrac{1}{12}M(b^2 + c^2)$，$I_{yy} = \dfrac{1}{12}M(a^2 + c^2)$，$I_{zz} = \dfrac{1}{12}M(a^2 + b^2)$
$I_{xy} = I_{yx} = I_{xz} = I_{zx} = I_{yz} = I_{zy} = 0$
2. $I_{xx} = \dfrac{1}{2}Mr^2$，$I_{yy} = I_{zz} = M\left(\dfrac{r^2}{4} + \dfrac{l^2}{12}\right)$
$I_{xy} = I_{yx} = I_{xz} = I_{zx} = I_{yz} = I_{zy} = 0$

3 $s_1 = \sin q_1$，$c_1 = \sin q_1$，$s_2 = \sin q_2$，$c_2 = \sin q_2$ とする．

1. $^1R_0\,^0\ddot{\boldsymbol{r}}_1 = \begin{bmatrix} 0 \\ 0 \\ 0 \end{bmatrix}$，$^2R_0\,^0\ddot{\boldsymbol{r}}_2 = {^2R_1\,^1R_0\,^0\ddot{\boldsymbol{r}}_2} = \begin{bmatrix} -l_a c_2 \dot{q}_1^2 + l_a s_2 \ddot{q}_1 \\ l_a s_2 \dot{q}_1^2 + l_a c_2 \ddot{q}_1 \\ 0 \end{bmatrix}$

2. 第1式の左辺：$m_a \begin{bmatrix} -l_{ga} \dot{q}_1^2 \\ l_{ga} \ddot{q}_1 \\ 0 \end{bmatrix}$，

● 演習問題の解答

第2式の左辺：$m_b \begin{bmatrix} -l_a c_2 \dot{q}_1{}^2 + l_a s_2 \ddot{q}_1 - l_{gb}(\dot{q}_1 + \dot{q}_2)^2 \\ l_a s_2 \dot{q}_1{}^2 + l_a c_2 \ddot{q}_1 + l_{gb}(\ddot{q}_1 + \ddot{q}_2) \\ 0 \end{bmatrix}$

3. 式(3·55)参照
4. 式(3·55)参照

4章

1 図 4·1 に基づいて，拘束式を

$$f_1(x,y) = \sqrt{x^2 + y^2} - l = 0$$

と置くと，式(4·40)はこの場合

$$\left(mg - m\ddot{y} + \lambda_1 \frac{\partial f_1}{\partial y}\right)\delta y + \left(-m\ddot{x} + \lambda_1 \frac{\partial f_1}{\partial x}\right)\delta x = 0$$

と書ける．$\partial f/\partial y = y/l$, $\partial f_1/\partial x = x/l$ となるので，上の式から

$$\begin{cases} mg - m\ddot{y} + \lambda_1 \dfrac{y}{l} = 0 \\ -m\ddot{x} + \lambda_1 \dfrac{x}{l} = 0 \end{cases} \quad (*)$$

となる．ここで $y = l\cos\theta$, $x = l\sin\theta$ であることに注目すると

$$\begin{pmatrix} \ddot{x} \\ \ddot{y} \end{pmatrix} = l\ddot{\theta} \begin{pmatrix} \cos\theta \\ -\sin\theta \end{pmatrix} - l\dot{\theta}^2 \begin{pmatrix} \sin\theta \\ \cos\theta \end{pmatrix}$$

となるので，式(*)は次のように書ける．

$$ml \begin{pmatrix} \cos\theta \\ -\sin\theta \end{pmatrix} \ddot{\theta} - ml \begin{pmatrix} \sin\theta \\ \cos\theta \end{pmatrix} \dot{\theta}^2 = mg \begin{pmatrix} 0 \\ 1 \end{pmatrix} + \lambda_1 \begin{pmatrix} \sin\theta \\ \cos\theta \end{pmatrix}$$

この式とベクトル $(\sin\theta, \cos\theta)^\top$ との内積を取ると

$$\lambda_1 = -(ml\dot{\theta}^2 + mg\cos\theta)$$

となり，これが求める糸の張力となる．

2 $I\ddot{\theta} + mgl_1 \sin\theta = 0$

3 オイラーの方程式は次のようになる．

$$\frac{\mathrm{d}}{\mathrm{d}t}\left(\frac{\partial F}{\partial y'}\right) - \frac{\partial F}{\partial y} = ml^2 y'' + mgl\sin y = 0$$

4 式(4·76)から式(4·75)が成立することを示す．はじめに y' は

$$y' = \frac{\mathrm{d}y}{\mathrm{d}x} = \frac{\mathrm{d}y}{\mathrm{d}\theta}\frac{\mathrm{d}\theta}{\mathrm{d}x} = a(1-\cos\theta)\frac{\mathrm{d}\theta}{\mathrm{d}x}$$
$$= a(1-\cos\theta)\frac{1}{\mathrm{d}x/\mathrm{d}\theta} = \frac{1-\cos\theta}{\sin\theta}$$

となる．これより

$$(y')^2 = \frac{(1-\cos\theta)^2}{\sin^2\theta} = \frac{(1-\cos\theta)^2}{(1-\cos\theta)(1+\cos\theta)}$$
$$= \frac{1-\cos\theta}{1+\cos\theta} = \frac{x}{2a-x}$$

となり，式(4·75)が示された．

5章

1
$$0 = \dot{x}_1 \frac{\mathrm{d}}{\mathrm{d}t}\left\{(M+m)\dot{x}_1 + ml\dot{\theta}\cos\theta\right\}$$
$$+\dot{\theta}\frac{\mathrm{d}}{\mathrm{d}t}\left\{(I+ml^2)\dot{\theta} + ml\dot{x}_1\cos\theta\right\} + \dot{\theta}\left\{ml\dot{x}_1\dot{\theta}\sin\theta - mgl\sin\theta\right\}$$
$$= \frac{\mathrm{d}}{\mathrm{d}t}\left\{\frac{M+m}{2}\dot{x}_1^2 + \frac{I+ml^2}{2}\dot{\theta}^2 + mgl\cos\theta\right\}$$
$$+ml\left\{\dot{x}_1\ddot{\theta}\cos\theta + \ddot{x}_1\dot{\theta}\cos\theta - \dot{x}_1\dot{\theta}^2\sin\theta\right\}$$
$$= \frac{\mathrm{d}}{\mathrm{d}t}\left[\left\{\frac{M+m}{2}\dot{x}_1^2 + \frac{I+ml^2}{2}\dot{\theta}^2 + ml\dot{x}_1\dot{\theta}\cos\theta\right\} + mgl\cos\theta\right]$$
$$= \frac{\mathrm{d}}{\mathrm{d}t}(K+U)$$

ポテンシャル U については，定数 h は任意に取れることに注意する．

2 縦ベクトル $(1/2)\dot{H}\dot{q}$ の第 i 座標は

●演習問題の解答

$$\frac{1}{2}\sum_{k=1}^{n}\dot{h}_{ik}\dot{q}_k = \frac{1}{2}\sum_{j=1}^{n}\left\{\sum_{k=1}^{n}\left(\frac{\partial h_{ik}}{\partial q_j}\dot{q}_k\right)\right\}\dot{q}_j$$

と書ける．他方，$(1/2)\partial\dot{\bm{q}}^\top H\dot{\bm{q}}/\partial\bm{q}$ の第 i 座標は

$$\frac{1}{2}\frac{\dot{\bm{q}}^\top H(\bm{q})\dot{\bm{q}}}{\partial q_i} = \frac{1}{2}\sum_{k=1}^{n}\sum_{j=1}^{n}\dot{q}_k\dot{q}_j\frac{\partial h_{kj}}{\partial q_i}$$

$$= \frac{1}{2}\sum_{j=1}^{n}\left\{\sum_{k=1}^{n}\left(\frac{\partial h_{jk}}{\partial q_i}\dot{q}_k\right)\right\}\dot{q}_j$$

となる．ここで，$H(\bm{q}) = (h_{ij}(\bm{q}))$ が対称行列であることを使った．これより

$$s_{ij} = \frac{1}{2}\sum_{k=1}^{n}\left(\frac{\partial h_{ik}}{\partial q_j}\dot{q}_k - \frac{\partial h_{jk}}{\partial q_i}\dot{q}_k\right)$$

と表すことができる．

3 式 $(5 \cdot 94)$ の両辺について，一般化速度ベクトル $(\dot{x}_1, \dot{\theta})^\top$ と内積をとれば

$$F\dot{x}_1 = \frac{\mathrm{d}}{\mathrm{d}t}\left[\left\{\frac{M+m}{2}\dot{x}_1{}^2 + \frac{ml^2}{2}\dot{\theta}^2 + ml\dot{x}_1\dot{\theta}\cos\theta\right\} - mgl\cos\theta\right]$$
$$= \frac{\mathrm{d}}{\mathrm{d}t}(K+U)$$

となる．

4 上の解答より，

$$\int_0^t F\dot{x}_1\,\mathrm{d}\tau = \int_0^t \frac{\mathrm{d}}{\mathrm{d}\tau}(K+U)\,\mathrm{d}\tau = \Big[K(\tau)+U(\tau)\Big]_0^t$$

6章

1 $\bm{\omega}\times\bm{r}_{2C} = \begin{pmatrix} 0 \\ 0 \\ \dot{q}_1+\dot{q}_2 \end{pmatrix} \times \begin{pmatrix} x_{2C} \\ y_{2C} \\ 0 \end{pmatrix} = (\dot{q}_1+\dot{q}_2)\begin{pmatrix} -y_{2C} \\ x_{2C} \\ 0 \end{pmatrix}$

$$= (\dot{q}_1 + \dot{q}_2)s_2 \begin{pmatrix} -\sin(q_1+q_2) \\ \cos(q_1+q_2) \\ 0 \end{pmatrix}$$

$$\boldsymbol{v}^\top(\boldsymbol{\omega}\times\boldsymbol{r}_{2C}) = l_1\dot{q}_1(-\sin q_1, \cos q_1, 0)\cdot(\dot{q}_1+\dot{q}_2)s_2 \begin{pmatrix} -\sin(q_1+q_2) \\ \cos(q_1+q_2) \\ 0 \end{pmatrix}$$

$$= l_1 s_2 \dot{q}_1(\dot{q}_1+\dot{q}_2)\{\sin q_1 \sin(q_1+q_2) + \cos q_1 \cos(q_1+q_2)\}$$

$$= l_1 s_2 \dot{q}_1(\dot{q}_1+\dot{q}_2)\cos q_2$$

これに m_2 を掛けると式(6·12)を得る．

2 式(6·13)の第二項の係数 I_2 は，図 6·1 のロボットアームの第二リンクの J_1 まわりの慣性モーメントであるが，これを教会の鐘の第二振り子に相当させると，振り子は長さ l_2 の所に質量 m が集中するので，その慣性モーメントは $ml_2{}^2$ になる．また，式(6·13)の最後の項の s_2 は剛体リンクの質量中心から関節までの距離を表すが，教会の鐘では第二振り子の関節中心と質量集中している点との距離 l_2 に相当している．逆に，式(5·34)から帰納的に式(6·13)を導くことはできない．

3 実際に，(∗)の右辺を計算して，確かめることができる．2次元回転行列については 1.4 節を参照されたい．

4 式(∗∗)について，自ら計算して確かめよ．$R_y(q_1)$ が直交行列であることは，$R_y(q_1)^\top R_y(q_1)$ が単位行列になることから明らか．

5 A_1 の変数は q_1 のみであり，A_2 の変数は q_2 のみであるから，式(∗∗∗)は明らかであろう．

6 $B_{11} = \begin{pmatrix} \cos^2 q_2 & -\cos q_2 \sin q_2 & 0 & s_2 \cos^2 q_2 \\ -\sin q_2 \cos q_2 & \sin^2 q_2 & 0 & -s_2 \cos q_2 \sin q_2 \\ 0 & 0 & 1 & 0 \\ s_2 \cos^2 q_2 & -s_2 \cos q_2 \sin q_2 & 0 & s_2{}^2 \cos^2 q_2 \end{pmatrix}$

● 演習問題の解答

$$B_{22} = \begin{pmatrix} 1 & 0 & 0 & s_2 \\ 0 & 1 & 0 & 0 \\ 0 & 0 & 0 & 0 \\ s_2 & 0 & 0 & s_2{}^2 \end{pmatrix}$$

$$B_{12} = \begin{pmatrix} 0 & 0 & -\cos q_2 & 0 \\ 0 & 0 & \sin q_2 & 0 \\ -\sin q_2 & -\cos q_2 & 0 & -s_2 \sin q_2 \\ 0 & 0 & -s_2 \sin q_2 & 0 \end{pmatrix}$$

7 任意の n 次元ベクトル $\boldsymbol{x}$ と $n \times n$ 行列 A について，

$$\boldsymbol{x}^\top A^\top A \boldsymbol{x} = \text{trace}(\boldsymbol{x}\boldsymbol{x}^\top A^\top A)$$

が成立することから導ける．

8 3.3 節で講述されているように，これらの等式は慣性テンソルの式(3·32)から導ける．

9 上述の演習問題 7 において，B_{11}，B_{22}，B_{12} の非対角要素は関係しなくなることを確かめ，問題 8 で求めた関係式を使って，運動エネルギー K_2 を計算してみよ．

10 この A_2 を用いて上述の演習問題 6 の B_{12} を計算すると，第四番目の対角項 $(i = 4, j = 4)$ に $(ds_2) \sin q_2$ が現れることが確かめられる．したがって，体積積分の新たな項

$$\int_V (ds_2) \sin q_2 \mathrm{d} m_2 = m_2 ds_2 \sin q_2$$

が $H(\boldsymbol{q}) = (h_{ij}(\boldsymbol{q}))$ の $h_{12}(\boldsymbol{q})$ として現れる．

関 連 図 書

[1]　荒井 正治，「理工系微分積分学」，学術図書出版社，2006．
[2]　戸田 盛和，「力学」，岩波書店，1982．
[3]　山本 義隆，「新・物理入門」，駿台文庫，1996．
[4]　エリ・デ・ランダウ，イェ・エム・リフシッツ（広重徹，水戸巌訳），「力学」，東京図書，1974．
[5]　飯高 茂（監修），松田 修（著），「微分積分 基礎理論と展開」，東京図書，2006．
[6]　田辺 行人，品田 正樹，「解析力学」，裳華房，1988．
[7]　小出 昭一郎，「解析力学」，岩波書店，1983．
[8]　有本 卓，「新版 ロボットの力学と制御」，朝倉書店，2002．
[9]　川崎 晴久，「ロボット工学の基礎」，森北出版，1991．
[10]　吉川 恒夫，「ロボット制御基礎論」，コロナ社，1988．

索　引

ア　行

位置フィードバック ……………162
位置ベクトル …………………… 4
一般化位置座標 ………………… 95
一般化位置ベクトル …………… 95
一般化座標 ……………………… 94
一般化力 …………………………112

運動 ……………………………… 3
運動エネルギー ………………… 22
運動座標系 ……………………… 55
運動方程式 ……………………… 11
運動量保存の法則 ……………… 12

エネルギー収支の法則 …………157
エネルギー保存の法則 ……29, 132
遠心力 …………………………… 59
円錐振り子 ………………………100
鉛直面 ……………………………153

オイラーの方程式 …………112, 116
オフセット ………………………166

カ　行

外積 ……………………………… 43
回転エネルギー …………… 53, 86
回転行列 ………………………… 34
回転座標系 ……………………… 57
角運動量 ………………………… 41
角運動量保存の法則 …………… 47

角振動数 …………………………127
仮想仕事 ………………………… 97
仮想仕事の原理 ………………… 97
仮想変位 ………………………… 97
仮想変位の原理 ………………… 99
加速度 …………………………… 7
加速度座標系 …………………… 55
慣性 ……………………………… 11
慣性系 …………………………… 14
慣性座標系 ……………………… 14
慣性乗積 ………………………… 79
慣性テンソル …………………… 79
慣性モーメント ………… 51, 73, 79
慣性力 …………………………56, 100

軌道 ………………………………135
基本ベクトル …………………… 5
強制振動 …………………………127

空気抵抗 ………………………… 18

経路 ………………………………136
ゲイン行列 ………………………162
原点 ……………………………… 3

向心力 …………………………… 49
拘束条件 …………………………138
剛体振り子 ……………………… 96
勾配ベクトル ……………………107
抗力 ………………………………104
コリオリ力 ……………………… 59

サ 行

サイクロイド 117
最小作用の原理 136
座標 3
座標系 3
座標軸 3
作用 136
作用積分 136
散逸エネルギー 32
散逸関数 156

仕事率 25
シーソー 96
質点系 68
質量中心 76
重心 76
自由度 94
受動性 157
受動的 157
瞬間加速度 7
瞬間速度 6
瞬時回転軸 61

水平面 152
スカラー 5
スカラー3重積 45
スカラー積 23

正規直交行列 34
成分 4
全エネルギー 132

増分 136
速度 6, 7
速度ベクトル 8
束縛式 54
束縛条件 54, 95

束縛力 98

タ 行

第一種のラグランジュ運動方程式 ...109
ダランベールの原理 100
弾性エネルギー 31

力のモーメント 42
中心力 47

抵抗力 156
停留作用の原理 137
停留値 114, 128
鉄亜鈴 95

等速円運動 49
倒立振り子 103
トルク 42

ナ 行

内積 23
内力 70

2点境界条件 116

粘性係数 30

ハ 行

バネ定数 30
ハミルトンの原理 128
速さ 8
汎関数 114

非慣性系 15

フェルマーの原理 ..112, 137
複振り子 96
ブラキストクローン問題 ...113

183

索 引

平均の速度 ……………………………… 6
平行軸の定理 …………………………… 76
平面ロボットアーム …………………148
閉ループダイナミクス ………………162
ベクトル ………………………………… 4
ベクトル積 ……………………………… 43
変位 ……………………………………… 6
変位ベクトル …………………………… 7
変分 ……………………………………115
変分学 ……………………………112, 114
変分原理 …………………………112, 140

ポテンシャル ………………………… 27
ポテンシャルエネルギー …………… 27
ホロノミック …………………………138

マ 行

摩擦回転力 ……………………………156

摩擦力 …………………………………156
マス–ダンパ–バネ系 …………………160

見かけの力 ………………………… 56, 59

モーメントアーム …………………… 45

ラ 行

落体の法則 …………………………… 18
ラグランジアン ………………………124
ラグランジュ安定 ……………………162
ラグランジュ乗数 ……………………110
ラグランジュの運動方程式 …………124

力学系 ………………………………… 94
力学的エネルギー …………………… 29

ロボットの運動方程式 ………………163

〈著者略歴〉

有 本　　卓（ありもと　すぐる）
1959 年　京都大学理学部数学科卒業
1967 年　工学博士
現　在　大阪大学名誉教授

関 本 昌 紘（せきもと　まさひろ）
2003 年　立命館大学理工学部ロボティクス学科卒業
2007 年　博士（工学）
現　在　富山大学大学院理工学研究部（工学）講師

- 本書の内容に関する質問は，オーム社出版部「（書名を明記）」係宛，書状または FAX（03-3293-2824）にてお願いします．お受けできる質問は本書で紹介した内容に限らせていただきます．なお，電話での質問にはお答えできませんので，あらかじめご了承ください．
- 万一，落丁・乱丁の場合は，送料当社負担でお取替えいたします．当社販売管理課宛お送りください．
- 本書の一部の複写複製を希望される場合は，本書扉裏を参照してください．
  JCOPY ＜（社）出版者著作権管理機構 委託出版物＞

ロボット・メカトロニクス教科書
力　学　入　門

平成 23 年 11 月 20 日　第 1 版第 1 刷発行

著　者　　有　本　　　卓
　　　　　関　本　昌　紘
発 行 者　　竹　生　修　己
発 行 所　　株式会社　オ ー ム 社
　　　　　郵便番号　101-8460
　　　　　東京都千代田区神田錦町 3-1
　　　　　電　話　03(3233)0641(代表)
　　　　　URL　http://www.ohmsha.co.jp/

© 有本　卓・関本昌紘 *2011*

印刷　エヌ・ピー・エス　　製本　協栄製本
ISBN 978-4-274-21115-7　Printed in Japan

関連書籍のご案内

二足歩行ロボットの製作を通して ロボット工学の基本がわかる！

はじめてのロボット工学
―製作を通じて学ぶ基礎と応用―

ロボット実技学習企画委員会　監修
石黒 浩・浅田 稔・大和 信夫　共著
B5判・180頁

【主要目次】
Chapter 1　はじめに
Chapter 2　ロボットの歴史
Chapter 3　ロボットの仕組み
Chapter 4　モータ
Chapter 5　センサ
Chapter 6　機構と運動
Chapter 7　情報処理
Chapter 8　行動の計画と実行
Chapter 9　ロボット製作実習
Chapter 10　おわりに

メカトロニクスを概観できる，新時代の教科書！

メカトロニクス概論
ロボット・メカトロニクス教科書

古田 勝久　編著
A5判・268頁

【主要目次】
1章　序論（Introduction）
2章　メカトロニクスのためのシステム論
　　　（System Theory of Mechatronics）
3章　センサ（Sensor）
4章　アクチュエータ（Actuator）
5章　コンピュータ（Computer）
6章　機械設計（Mechanical Design）
7章　制御器設計（Controller Design）
8章　制御器の実装（Implementation of Controller）
9章　解析（Analysis）
10章　上位システムの設計
　　　（Design of Host System for Mechatroncis Systems）
11章　メカトロニクスの応用事例
　　　（Applied example of Mechatroncis）

工学系の高校・高専・大学等のものづくり 総合実習の教科書や副読本に最適！

製作実習で学ぶ ロボティクス入門

高橋 良彦　著
A5判・176頁

【主要目次】
第1章　機構系の基礎
第2章　電子回路の基礎
第3章　制御工学の基礎
第4章　二足歩行ロボット機構系の製作
第5章　PICマイコンとC言語
第6章　LED点灯制御システム
第7章　モータ駆動制御システム
第8章　関節制御システム
第9章　親PICマイコンと子PICマイコンの通信
第10章　6関節歩行ロボット
第11章　12関節歩行ロボットと4関節歩行ロボット

ロボット開発者による，ヒューマノイド ロボットの基礎理論の解説！

ヒューマノイドロボット

梶田 秀司　編著
A5判・248頁

【主要目次】
第1章　ヒューマノイドロボット概論
第2章　運動学
第3章　ZMPと動力学
第4章　二足歩行
第5章　全身運動パターン生成
第6章　動力学シミュレーション

もっと詳しい情報をお届けできます．
◎書店に商品がない場合または直接ご注文の場合は右記宛にご連絡ください．

ホームページ　http://www.ohmsha.co.jp/
TEL／FAX　TEL.03-3233-0643　FAX.03-3233-3440